懂心理学
让你内心强大

马永霞◎著

国家一级出版社 中国纺织出版社 全国百佳图书出版单位

内 容 提 要

每个人的内心都蕴藏着无穷的能量，一旦人们拥有了这些能量，就可以变得无比强大。但是如何把这些能量激发出来呢？这就需要人们结合心理学来认知自己。

本书从实际生活出发，结合人们的心理困扰，分析人们内心脆弱的根源，教会读者认识自己，认识他人，认识人与人的关系，学会运用心理学，改善自己的弱点，提升自己的气场与魅力，成为一个内心强大的人。

图书在版编目（CIP）数据

懂心理学让你内心强大／马永霞著．--北京：中国纺织出版社，2017.12

ISBN 978-7-5180-4408-5

Ⅰ.①懂…　Ⅱ.①马…　Ⅲ.①心理学—通俗读物

Ⅳ.①B84-49

中国版本图书馆CIP数据核字（2017）第302867号

责任编辑：闫　星　　特约编辑：李　杨　　责任印制：储志伟

中国纺织出版社出版发行

地址：北京市朝阳区百子湾东里A407号楼　邮政编码：100124

销售电话：010—67004422　传真：010—87155801

http：//www.c-textilep.com

E-mail：faxing@c-textilep.com

中国纺织出版社天猫旗舰店

官方微博http://weibo.com/2119887771

北京睿特印刷厂印刷　各地新华书店经销

2017年12月第1版第1次印刷

开本：710×1000　1/16　印张：13

字数：208千字　定价：36.80元

前言

生活中，每个人都曾梦想过自己变得强大，可以让家人幸福、让朋友快乐，可以实现每一个梦想，可以随心所欲地做自己。然而现实可能并不会如我们所想象的一样。没有人可以真正地随心所欲，因为每个人都要为自己的行为负责，为自己的行为所造成的结果负责。

那么，在这样的情况下，我们想要生活美好，想要舒服自在，想要活得快乐不压抑，我们该怎么办呢？答案只有一个，那就是：让自己的内心变得强大。

一个人只有内心强大了，他才能无惧世间的风雨，勇敢向前闯；

一个人只有内心强大了，他才能战胜自身的弱点，站到更高的地方；

一个人只有内心强大了，他才能掌控自己的思想，成为一个自信而独立的人。

使自己内心强大需要一个过程，在这个过程中，我们首先需要认识自己，了解自己，进而改变自己，完善自己。

或许现在的你，还在为这样的事情烦恼：

“为什么我总是感到压抑和苦闷？”

“为什么一见到陌生人，我就不知道怎么说话了？”

“怎么才能和同事、上司愉快而无压力地相处呢？”

在与人交往的过程中，每个人都希望能与他人和睦相处，建立良好的人际关系。不过有的时候，即使我们掌握了很多心理学知识，并努力尝试将这些知识运用到我们的生活中去，但结果却并不一定令我们满意。

心理学知识可以帮助人们更好地与人相处，但却不是万能药，不是所有的交际关系都适用。心理学，只是让我们保持心态平衡、生活充实的一种工具。单纯地使用它并不会有什么神奇的作用，但是如果我们把它与自身的具体情况相结合，通过心理学去探索自己的内心，更好地把握自己、掌控自己，让自己成为一个强大的人，一个有自己的思想和信仰的人，那么再复杂的人际关系、再繁杂的世界、再迷茫的生活都不再是问题。

书中以大家都曾亲身经历的生活小事为例，用心理学的知识和思维模式加以探讨。本书旨在引导读者学会运用心理学，消除人际关系中的种种烦恼，把自己看得更清楚，并且进一步加深对自己内心的了解，了解自己行为背后的心理，了解自己真正的情绪，思考自己原本应有的样子。希望本书中的内容，能够帮助读者了解自己、活出自我，获得希冀的幸福！

编著者

目录

第01章　激发心理力量：强大的内心成就最出色的你 …… 001

拥有一颗坚强的心，你会获得更多的幸福 …… 002

永不放弃的人，才能获得自己想要的结果 …… 003

发出自己的声音，看到自己的优势 …… 004

勇于逆流而上，在心里保有奋斗的激情 …… 005

第02章　消除内心不安：心理学帮你找回真实的自己 …… 007

无须与他人比较，接纳最真实的自己 …… 008

不要隐藏，用最真实的面貌去生活 …… 009

勇敢跨越心中虚设的障碍 …… 011

第03章　懂点心理定律：战胜懦弱畏缩的自己 …… 013

重复定律：在重复中增强自己的实力 …… 014

期望定律：强烈的渴望，会让你获得最大的收获 …… 016

绝境定律：给自己一片危崖，保持成长的警惕 …… 018

第04章　了解心理效应：探寻内心深处的秘密 …… 021

跳蚤效应：心理高度决定人生的高度 …… 022

鸟笼效应：不要给自己的心挂上笼子 …… 023

霍桑效应：你可以让自己变得更好 ······ 024
鲇鱼效应：有竞争才有积极成长的动力 ······ 026

第05章 洞察心理现象：细微之处彰显强大内心 ······ 029

詹森心理：为什么有时候会发挥失常 ······ 030
犹豫心理：别再犹豫不决中失去机会 ······ 032
从众心理：有自己的观点，别总是“随大流” ······ 035

第06章 认知自我心理：破解不同的人性密码 ······ 039

你应该多了解真实的自己 ······ 040
让自己拥有认知内心的能力 ······ 042
打开心灵束缚，不要随意地否定自己 ······ 044
欣赏自己，发现全新的自己 ······ 046

第07章 变强大第一步：战胜堕怠，自己掌控自己 ······ 049

人之本性好逸，想成功先自控 ······ 050
小心危险和诱惑对你的威胁 ······ 053
三思而后行，别让情绪控制你 ······ 055
锻炼意志力，消除懒散和惰性 ······ 058

第08章 抵御外在诱惑：控制住对美食的贪欲 ······ 061

抵御美味的诱惑是内心强大的第一步 ······ 062
身心健康，从拒绝第二块糖开始 ······ 064
不正确的节食是减肥最大的敌人 ······ 066
心理战胜嘴巴靠的是后天意志力 ······ 069

第09章　对抗外界干扰：培养自主学习习惯……073

做到“充耳不闻”，训练专注能力……074

戒除浮躁，让自己安静下来……077

学习效果与自控能力成正比……080

积极的情绪体验让学习有趣味……084

第10章　剔除享乐主义：先苦后甜 成功必然……089

玩物丧志，矫正你的“玩心”……090

别让享受打破你的坚持忍耐……093

去拥抱你的困难，它能使你蜕变……096

贪图享乐，最容易迷失自我……099

第11章　提升身体机能：在锻炼中调节身心……103

心越待越懒，动起来让你更有精气神……104

锻炼身体也是对心志的磨炼……107

运动是排解压力的好方法……111

适度而为，别超出承受的底线……113

第12章　克服拖延心理：改变拖拉的懒惰意识……117

拖延症正消磨你内心的烛火……118

杜绝借口，不让懒惰战胜勤奋……121

马上行动，迅速调整为战斗模式……124

计划与目标会让心更有方向……127

第13章 超越自私本能：拓展胸怀，提升境界 …… 131

你可以拥有更广阔的胸怀 …… 132

纠正自己的自私心理，多为他人考虑 …… 135

从潜意识改变自己的自私心理 …… 138

挖掘自私根源，让自己更豁达 …… 142

第14章 掌控自我意识：学会拒绝，不随波逐流 …… 145

坚信自己，敢于出众才能有所成就 …… 146

控制自我意识，不被他人之言动摇 …… 149

学会拒绝也是一种自控力 …… 152

能够把持自己，让思维具有远见性 …… 155

第15章 克服依赖心理：改掉以往的陋习 …… 159

控制自己从改掉“口无遮拦”开始 …… 160

彻底戒掉对烟酒的依赖心理 …… 163

控制坏脾气，从调整心态开始 …… 166

管住自己的大脑，别再做白日梦 …… 170

第16章 控制负面情绪：时刻保持最佳状态 …… 175

别因糟糕的情绪让自己失控 …… 176

放松自己，挣脱低落情绪 …… 179

掌控积极阳光的情绪扭转法 …… 183

真的好心情也可以假装出来 …… 186

第17章 保持健康心理：只和自己比就够了 ………………………………… 189

换个角度想，坏事也是好事 ………………………………… 190

可以力争上游，但别总与自己较劲 ………………………… 191

无论是顺境还是逆境，都会过去 …………………………… 193

可以失败，但永远不要输给自己 …………………………… 195

参考文献 ………………………………………………………………… 197

第01章

激发心理力量：强大的内心成就最出色的你

拥有一颗坚强的心，你会获得更多的幸福

懂得一笑置之的人，有着一颗坚强的心，面对悲痛，当我们能一笑而过时，也就意味着你将会有莫大的幸福。

心理学家称：情绪影响行为，把握住自己的情绪，就能找到幸福的感觉。保持平衡的心态，用平和的心态处事，你就能做最快乐的自己。

一位妇人，她几乎经历了一个普通女人所能经历的所有不幸：幼年时父母先后病逝，好不容易找到了工作，又因不同意做厂里某领导人的儿媳而被挤出厂门。嫁了个当兵的丈夫，婆婆却对她十分苛刻，婆婆过世后丈夫又因外遇弃她而去。现在，她领着女儿独自度日，似乎过得十分平静。

一个阳光明媚的日子，她的朋友去她家闲坐，女儿在一边玩耍。她们边聊天边和小姑娘逗笑，不经意间触动了往事。朋友赞叹她遭遇这么多挫折却活得如此坚强平和。她笑笑，给朋友讲了一个故事：

两个老裁缝去非洲打猎，路上碰到一头狮子，其中一个裁缝被狮子咬伤了，没被咬伤的那位问他："疼吗？"受伤的裁缝说："当我笑的时候才感到疼。"

"我也是这样的。"妇人对朋友笑道，"我被狮子咬了许多口，但我的一贯原则是：忍着痛，笑也好，哭也好，只要有感觉就有生命，只要有生命就有灵魂，只要有灵魂就有生存的意义、希望和幸福。"

心理学家告诉我们：当我们用"世上无难事"的人生观来思考问题时，每件让你烦恼的事情都不再是煎熬，懂得一笑置之的人，有着一颗坚强的

心，面对悲痛，当我们能一笑而过时也就意味着你将会有莫大的幸福。不可抗拒的困难有很多，但是，如果我们带着一颗坚强乐观的心，人生就会变得格外美好。

一位伟人曾经说过："要么你去驾驭生命，要么是生命驾驭你。你的心态决定谁是坐骑，谁是骑师。"事情既然已经发生了，无法改变了，那我们就应该吸取教训，以积极的心态对待接下来的生活。当你突然得到了身外之物时，一定要保持平和的心态，不要因为极度开心就忘乎所以。在遇到灾难时，要学会尽快解脱，不要整天沉浸在悲痛之中。

永不放弃的人，才能获得自己想要的结果

一位心理学家说，生活真是有趣：如果你只接受最好的，你经常会得到最好的。只要你敢于坚持，往往都能获得自己想要的结果。

有一个人经常出差，经常买不到对号入座的车票。可是无论长途短途，无论车上多挤，他总能找到座位。

他的办法其实很简单，就是耐心地一节车厢一节车厢找过去。这个办法听上去似乎并不高明，但却很管用。每次，他都做好了从第一节车厢走到最后一节车厢的准备，可是每次他都不用走到最后就会发现空位。他说，这是因为像他这样锲而不舍找座位的乘客实在不多。经常是在他落座的车厢里尚余若干座位，而在其他车厢的过道和车厢接头处，却人满为患。

他说，大多数乘客轻易就被一两节车厢拥挤的表面现象所迷惑，不细想在数十次停靠之中，从火车十几个车门上上下下的流动中蕴藏着不少提供座位的机遇；即使想到了，他们也没有那一份寻找的耐心。眼前一块小小立足之地很容易让大多数人满足，为了一两个座位背着行囊挤来挤去有些人也觉得不值。他们还担心万一找不到座位，回头连个好好站着的地方也没有了。

与生活中一些安于现状、不思进取、害怕失败的人，永远只能滞留在没有成功的起点上一样，这些不愿主动找座位的乘客大多只能在上车时最初的落脚之处一直站到下车。长长的车厢就像是我们的人生旅途，一开始我们都要用自己稚嫩的肩膀去扛起沉甸甸的梦想，在前行的过程中我们承受着一次又一次的失败，在实践中我们迷失过，彷徨过，想放弃人生想要到达的终点。可是最终我们没有选择放弃，因为我们知道，生活就是在实践的反反复复中找到方向，没有试过，永远不知道原来生命中还有那么多的可能和希望。于是，我们勇敢着，自信着，执着着，一路风尘地奔向属于我们的未来。

宋代诗人陆游有云："纸上得来终觉浅，绝知此事要躬行。"心理学家分析说，有过一次失败的经历你会对你的成功更有把握，失败后对成功的再次冲击，将教会你如何调整自己的方法，自己的情绪，自己的目标，使你更加有经验，更加从容地去面对走向成功旅途中的重重困难。

发出自己的声音，看到自己的优势

生活中的每个人都要努力展现自己杰出的一面，这是心理的需求，更是生存的需要。那些大声地对自己说，我就是独一无二的人；那些在困难面前，勇敢地站出来的人，在别人都束手无策的时候，发出自己的声音，展现自己的思想和才华。

麦蒂是一名心理学教授，有一天，他来到疯人院参观，了解疯子的生活状态。一天下来，觉得这些人疯疯癫癫，行事出人意料，可算大开眼界。在准备返回时，他发现自己的车胎被人卸掉拿走了。"一定是哪个疯子干的！"麦蒂这样愤愤地想着，动手拿出备胎准备装上。这时他发现事情严重了。卸下车胎的人居然将螺丝也拿走了。没有螺丝，有备胎也没用啊！麦蒂一筹莫展。在他着急万分的时候，一个疯子蹦蹦跳跳地过来了，嘴里唱着不知名的歌曲。他发现了困境中的教授，停下来问发生了什么事。麦蒂懒得理他，但出于礼貌还是告诉了他。

疯子哈哈大笑说：“我有办法！”他从每个轮胎上拧下一个螺丝，这样就拿到三个螺丝将备胎装了上去。麦蒂惊奇感激之余，大为好奇：“请问你是怎么想到这个办法的？”疯子嘻嘻哈哈地说道：“我是疯子，可我不是呆子啊！”人们看待别人时总会根据他的面容、穿着、身份、语言等有一个先入为主的认识和评价，很多时候，这种主观的认识是错误的。就如故事中的麦蒂一样，他的聪明才智远远胜于一个疯子，但在关键时刻，思维的反应却不及这个疯子。

从案例中我们也可以看到，每个人都有自己的强项和弱项，也许麦蒂的逻辑思维比较强，适合搞科研，而疯子的发散思维更好，灵感更多，更适合搞艺术。其实每一个人都有自己杰出的一面，你不要因为别人的外貌、学历等不如你就产生轻视心理，也不要因为自己表面上看起来寒酸或地位卑微就心生自卑。一个人，当他发现自己的优势，释放它、让它闪光时，他的人生就会大不相同，心理也会更趋向于积极和乐观。

勇于逆流而上，在心里保有奋斗的激情

奋斗是人生永恒的主题，即使那些功成名就的人，丢失了奋斗的激情，也会失去人生中大部分的快乐。

父亲退休时已有六十多岁了。在那以前，他做了三十多年乡间邮差，一个星期有六天他都跋涉在佐治亚州东北部的山区里，为人们送信。

在他八十岁生日时，我写给他一封信，信中特别说了几句表示孝心的话。我说我们全家人都希望他身体健康，心情愉快，能够在欢乐中安度晚年。总之，我希望他永远快乐。信的最后，我建议他和我母亲不要再干活

了，应当完全放松自己，好好歇息。我认为，父亲操劳了一辈子，现在他们终于有了舒适的家和丰厚的退休金，几乎有了他们想要的一切，应该学学如何享受生活了。

后来，父亲回信了。他首先感谢我的好意，然后笔锋一转："虽然我很感谢你的赞美，但是让我完全放松自己却吓了我一跳。"父亲承认没人喜欢走坑洼不平的路，"但是如果我事事都顺心如意，从来都碰不到困难的话，那或许是世界上最糟糕的事了。"

父亲在信中写道："人生的意义不在于马到成功，而在于不断求索，奋力求成。每一件有意义的事都需要我们以坚强的信念去完成，这样，我们的生活才会更加充实，意志更加坚强。"

从他流畅的行文中，我似乎看到了父亲写信时高兴的表情："我们一生中最美好、最愉快的日子，不是还清了所有欠款的时候，也不是我们真正得到这套靠血汗换来的住所的时候，这都不是。我记得在很多年前，我们全家挤在一套很小的住宅里，为了糊口，我们拼命工作，根本分不清白天还是黑夜。直到现在，我都不明白当时为什么不知道什么叫累，又怎么会不觉得生活是那么美好。我想大概是因为我们那时是在为生存而奋斗，是为保护和养活我们所爱的人而拼搏吧。"

心理学家说，每个人做事都渴望一帆风顺，但这是很难实现的。因此我们不要苛求生活中没有艰辛，而要理解人生的意义不在于马到成功，而在于不断求索的道理。人活着就需要不断奋斗，不管你年龄几何，不管你家境如何，只有奋斗，才能让你感受到生活的价值和生存的意义。

生活中的很多年轻人深深懂得奋斗的意义和价值，他们不做生活的旁观者，而是努力做生活的参与者、主宰者。在年轻时，你需要告诉自己：生活重要的是追求，而不是到达。我们要拒绝平淡，告别无为，让我们的青春在阳光下真正地飞扬起来，激荡起来。奋斗是一支水彩笔，在青春的舞台上，你要充满热情地挥舞自己手中的画笔，努力描绘自己美好的未来。

第02章

消除内心不安：
心理学帮你找回真实的自己

无须与他人比较，接纳最真实的自己

“我坚持我的不完美，它是我生命中的真实本质。”热爱自己是一个人获得幸福的起点。不论在什么时候，在何种情况下，你都需要全面地接受你自己，因为只有这样你才可以更加安心地对待自己。

但人有一种心理很奇怪，总是更喜欢自己没有得到的东西，对上天赐予的、属于自己的也不会过分珍惜。因此，人的心里总会出现新的需求，不管得到了什么，都会不满足，不断有新的欲望。但不管怎样，你要努力做最真实的自己。

有这样一个女人，她对自己的脸蛋非常不满意，就跑去一家美容店准备整容。

第一次手术之后，女人隔一会儿就对着镜子看已经明显变化了的自己。但看着看着，女人就觉得自己的脸蛋还是不够漂亮，于是又来到了美容店。

第二次手术之后，女人高兴得乐翻了天，逢人便炫耀自己的脸蛋是多么的迷人。但没过几天，女人就感觉脸蛋有些变样儿了，于是就又来到了美容店。

……

就这样，女人几乎都在重复着前两次的情况：刚做完整容手术的时候，老觉得自己就是西施下凡、貂蝉在世，但过几天就觉得还是不够完美，只好再次去做整容手术。

如此折腾了8次之后，女人看着自己以前的照片，比对着镜子中“面目全非”的脸蛋，突然发现还是以前的自己最为完美。

于是，女人就求做整容手术的医生："医生呀，您还是把我恢复到以前的模样吧！"这下子，做整容手术的医生可头大了：妈呀，这个女人是不是神经病啊，怎么整容手术做着做着又要求恢复到以前，哪有那么容易的事儿？

不过，在女人的苦苦哀求之下，做整容手术的医生还是心软了，就试着一点一点地把脸蛋往以前的模样进行恢复——历时2年，手术8次，女人总算回到了以前的自己。

这下子，女人高兴了，逢人就感叹道："哎呀，整容来整容去，还是原来的自己最美丽嘛！"

古人云：金无足赤，人无完人。试着去接受你自己的一切吧，也许在刚开始的时候你会焦灼不安抑或是如履薄冰，但很快就会全身放松进而舒畅惬意了，如此下去你会发现：自己原来也是如此优秀！

如果自己都不喜欢自己，别人怎么去喜欢你？人活着是为了自己，你或许会在乎别人对你的看法，但是每个人的眼光不同，看法也就不同，只要自己喜欢，何必在乎那么多。任何事物的发展都有一个循环，今天不美不流行的东西，可能明天就风靡世界。所以做自己最好，你就是你，身体发肤受之父母，接受自己才能有更多的精力去做其他事情。并且我们可以给自己积极的心理暗示，每天告诉自己我是最美丽的，是最棒的，那么你就会越来越漂亮，越来越自信。

心理学家经常也在质疑：美丽有标准吗？要知道，众口难调，你不一定要让每个人都喜欢你，但是一定要接纳真实的自己，不要陷入偏执的寻找中，不要拿别人的美丽与自己比较。

不要隐藏，用最真实的面貌去生活

玛约·宾奇在《没有人注意我》中写道：

我比拿破仑高一英尺，我的体重是名模特儿特威格的两倍。我唯一一次去美容院的时候，美容师说我的脸对她来说是一个难题。然而我并不因那种以貌取人的社会陋习而烦忧不已，我依然十分快乐、自信、坦然。

我在一家日报社工作，于是有机会去许多以前不可能去的地方。今年我去阿斯科特跑马场报道那儿观众的情况的时候，我在那儿遇到了一件事，它使我认识到那种试图去顺应世俗，去表现得比别人优越的行为是多么愚蠢。有一个矮小而肥胖的女人，穿戴得整整齐齐；高高的帽子，佩着粉红色的蝴蝶结的晚礼服，白色的长筒手套，手里还拿着一根尖头手杖。由于她是一个大胖子，当她坐在手杖上时，手杖尖戳进了地里。手杖戳得太深，一下子拔不出来。她使劲地拔呀拔，眼里含着恼怒的泪水。她最后终于拔了出来，但她却握着手杖跌倒在地上。

我看着她离去。她这一天就算毁了，她在大庭广众之下丢了丑。她没有给任何人留下印象，然而在她自己充满悲哀的泪眼里，她是一个失败者。

我记得非常清楚，我也经历过这种情况。那时候我还没有真正认识到：没有人真正注意你的所作所为。许多年来，我都试图使自己和别人一样，总是担心人们心里会把我想成什么样的人。现在我知道他们根本就没有想过我。

我还记得我第一次跳舞时的悲伤心情。舞会对一个女孩子来说总是意味着一个美妙而光彩夺目的场合，起码那些不值一读的杂志里是这么说的。那时假钻石耳环非常时髦，当时我为准备那个盛大的舞会练跳舞的时候总是戴着它，以致我疼痛难忍而不得不在耳朵上贴了膏药。也许是由于这膏药，舞会上没有人和我跳舞，然而不管是什么原因，我在那里坐了整整4小时43分钟。当我回到家里，我告诉父母亲我玩得非常痛快，跳舞跳得脚都疼了。他们听到我舞会上的成功都很高兴，欢欢喜喜地去睡觉了。我走进自己的卧室，撕下了贴在耳朵上的膏药，伤心地哭了一整夜。夜里我总是想象着，在一百个家庭里，孩子们正在告诉他们的家长：没有一个人和我跳舞。

有一天，我独自坐在公园里，心里担忧如果我的朋友从这儿走过，在他们眼里我一个人坐在这儿是不是有些愚蠢。当我开始读一段法国散文时，我读到有一行写到了一个总是忘了现在而幻想未来的女人，我不也像她一样吗？显然，这个女人把她绝大部分时间花在试图给人留下印象上了，而很少时候她是在过自己的生活。在这一瞬间，我意识到我整整二十年光阴就像是花在一个无意义的赛跑上了。我所做的一点都没有起作用，因为没有人在注意我。

现在我知道下一回当我走进一家商店，一位营业员翘起她的嘴说，“你的号码，夫人？我想我们这儿绝没有你要的号码。”这仅仅是说店里的存货不充足。这样无形中我心里好像去掉了一个重负，我觉得自己比以往任何时候都轻松，更自由。

有些人有时真的很可笑，在他们的心里，总是想把最完美的自己展现给别人，永远要跟着别人的想法亦步亦趋，但自己的心灵呢？追求完美是我们的目标，但是任何时候我们都找不到完美。每个人都是如此，你羡慕的那个人，你也有他不具备的东西。

心理学家马斯洛在《刺激与性格》一书中说：“新近的机能心理学理论出现的一些概念是自然舒放、自我接受、冲动知觉、自满自足。”我们经常会利用各种各样的借口来自满自足，人的一生是应该为自己而活，寻找自我的价值；应该学着喜欢自己，获得自我的价值；应该不要太在意别人怎么看我，或者别人怎么想我，获得自己清晰的定位。其实，别人如何衡量你也全在于你自己如何衡量你自己！

勇敢跨越心中虚设的障碍

很多人心中都有一块无形的“玻璃”，他们不敢大胆地表达自己的观点，或者在挫折面前采取“一朝被蛇咬，十年怕井绳”的态度。一个人要走向成熟，就要不断地打碎心中的这块“玻璃”，超越无形的障碍！

曾有人做过实验，将一只最凶猛的鲨鱼和一群热带鱼放在同一个池子，然后用强化玻璃隔开。最初，鲨鱼每天不断冲撞那块看不到的玻璃，奈何这只是徒劳，它始终不能过到对面去。实验人员每天都放一些鲫鱼在池子里，所以鲨鱼也不缺少猎物，只是它仍想到对面去，想品尝那美味。它每天仍是不断冲撞那块玻璃，它试了每个角落，每次都是用尽全力，但每次也总是弄得伤痕累累，有好几次都浑身破裂出血。鲨鱼的这一举动持续了一些日子，每当玻璃刚出现裂痕，实验人员马上加上一块更厚的玻璃。

后来，鲨鱼不再冲撞那块玻璃了，对那些斑斓的热带鱼也不再在意，好像它们只是墙上会动的壁画。它开始等着每天固定会出现的鲫鱼，然后用它敏捷的本能进行狩猎，又显现在海中不可一世的凶狠霸气。但这一切只不过是假象罢了，实验到了最后的阶段，实验人员将玻璃取走，但鲨鱼却没有反应，每天仍是在固定的区域游着。它不但对那些热带鱼视若无睹，甚至于当那些鲫鱼逃到那边去，他就立刻放弃追逐，说什么也不愿再过去。

心理学家分析说，人与动物同理，在经受挫折和打击时，心里就会产生一种连带的反应，如果你能够在勇敢尝试中跨过这个障碍，你必然会有一种愉悦的心理体验。如果你在它面前退缩了，甚至倒下来了，它在你的心里的颜色就永远是灰暗的。

很多人对于曾经失去的或者有受过伤的经历都存有恐惧心理，其中一些原因是他们不切实际或者对未得到的存在幻想。这些心理感受可以是一个动作，也可以是一个结果，最重要的是一种思考。

我们常在失意时感到苦楚和寂寞，抱怨命运的不公，甚至失去再次与困难作战的勇气。其实这些是我们思维狭隘的表现，你应该勇敢面对，让自己有个恢复的过程，让自己的心情明朗起来。一味回避、躲藏，失意会一辈子躲在你的背后，让你永远无法甩掉它。

第03章

懂点心理定律：战胜懦弱畏缩的自己

重复定律：在重复中增强自己的实力

心理学家说，任何的行为和思维，只要你不断重复就会不断加强，获得丰富的积累。在你的潜意识当中，只要你能够不断地重复一些事，它们都会在潜意识里变成事实。

人的心理倾向于关注那些新鲜的、刺激的事物，不喜欢做重复单调的事情。但在现实生活中，每一件事情的成功都需要依靠重复操作来谋求突破，也就是说，那些心理上拥有忍耐力，能够在一次次重复操作中认真积累的人，他的人生更容易获得高于他人的成就。

这是一位心理学家在演讲时引用过的一个故事：

一位著名的推销大师，即将告别他的推销生涯，应行业协会和社会各界的邀请，他将在该城中最大的体育馆，做告别职业生涯的演说。

那天，会场座无虚席，人们在热切、焦急地等待着这位当代最伟大的推销员做精彩的演讲。大幕徐徐拉开，舞台的正中央吊着一个巨大的铁球。为了这个铁球，台上搭起了高大的铁架。

一位老者在人们热烈的掌声中，走了出来，站在铁架的一边。他穿着一件红色的运动服，脚下是一双白色胶鞋。

人们惊奇地望着他，不知道他要做出什么举动。

这时两位工作人员，抬着一个大铁锤，放在老者的面前。主持人这时对观众讲：请两位身体强壮的人，到台上来。很多年轻人站起来，转眼间已有两名动作快的跑到台上。

老人这时开口和他们讲规则，请他们用这个大铁锤，去敲打那个吊着的铁球，直到把它荡起来。

一个年轻人抢着拿起铁锤，拉开架势，抡起大锤，全力向那吊着的铁球砸去，一声震耳的响声，那铁球动也没动。随后他又用大铁锤接二连三地砸向铁球，很快他就气喘吁吁。

另一个人也不示弱，接过大铁锤把铁球打得叮当响，可是铁球仍旧一动不动。

台下逐渐没了呐喊声，观众好像认定那是没用的，就等着老人做出什么解释。

会场恢复了平静，老人从上衣口袋里掏出一个小锤，然后认真地面对着那个巨大的铁球。他用小锤对着铁球“咚”的一声敲了一下，然后停顿一下，再一次用小锤“咚”的一声敲了一下。人们奇怪地看着，老人就那样“咚”的敲一下，然后停顿一下，就这样持续地敲着。

10分钟过去了，20分钟过去了，会场早已开始骚动，有的人干脆叫骂起来，人们用各种声音和动作发泄着他们的不满。老人仍然继续着，他好像根本没有听见人们在喊叫什么。人们开始愤然离去，会场上出现了大块大块的空缺。留下来的人们好像也喊累了，会场渐渐地安静下来。

大概在老人进行到40分钟的时候，坐在前面的一个妇女突然尖叫一声：“球动了！”霎时会场鸦雀无声，人们聚精会神地看着那个铁球。那球以很小的幅度动了起来，不仔细看很难察觉。老人仍旧一小锤一小锤地敲着，人们好像都听到了那小锤敲打铁球的声响。铁球在老人一锤一锤的敲打中越荡越高，它拉动着那个铁架子“哐哐”作响，它的巨大威力强烈地震撼着在场的每一个人。终于场上爆发出一阵阵热烈的掌声，在掌声中，老人转过身来，慢慢地把那把小锤揣进兜里。

老人开口说，成功就是一次次重复你的行动。

重复某个动作的过程，其实就是一种忍耐的过程。不经过这种历练，你不可能让自己实现蜕变。而在这一过程中，你的心是否心甘情愿地接受这种重复，积极地面对它，也就决定了你最后取得的成绩。

人的急切心理是普遍存在的，那些努力而看不到成效，而且还很有可能被人称作傻傻的重复操作的事情，谁会去做呢？结果肯定是少数人，而成功者也正来自于这一小部分人中。现实生活中，很多年轻人总想找到一蹴而就的成功之路，殊不知，那些一锤子敲过去，却不见效果的人，在他们放弃的同时，一些看似弱势的人则在一次次重复敲击着自己的目标。也正是在这个过程中，不仅实现了量到质的飞跃，也使得你对这个事物看得更加透彻，把握得更加准确。

心理学家说，在不断重复的过程中，没有耐心去等待成功的到来，只好用一生的耐心去面对失败。很多时候，人的失败不是因为实力不够，机遇不好，而是因为不肯在重复中积累、等待突破的到来，在一次次放弃和遗漏的过程中，人生草草地画上了一个句点。

期望定律：强烈的渴望，会让你获得最大的收获

心理学家通过对人心理的研究，了解到这样一个规律：当我们怀着对某件事情非常强烈期望的时候，我们所期望的事物就会出现。这也就是我们常说的期望定律。

在美国西雅图的一所著名教堂里，有一位德高望重的牧师——戴尔·泰勒。一天，他向班里的学生郑重其事地承诺：谁要是能背出《圣经·马太福音》中第五章到第七章的全部内容，他就邀请谁去西雅图的“太空针”高塔餐厅参加免费聚餐会。

《圣经·马太福音》中第五章到第七章的全部内容有几万字，而且不押韵，要背诵其全文无疑有相当大的难度。尽管参加免费聚餐会是许多学生梦

寐以求的事情，但是几乎所有的人都浅尝辄止，望而却步了，他们不再期望那个免费的聚餐会，而是花时间享受眼下的舒适或打发无聊的时间。

几天后，班中一个11岁的男孩，胸有成竹地站在泰勒牧师的面前，从头到尾地按要求背诵下来，竟然一字不漏，没出一点差错，而且到了最后，简直成了声情并茂的朗诵。

泰勒牧师比别人更清楚，就是在成年的信徒中，能背诵这些篇幅的人也是罕见的，何况是一个孩子。泰勒牧师在赞叹男孩那惊人记忆力的同时，不禁好奇地问："你为什么能背下这么长的文字呢？"

这个男孩不假思索地回答道："我竭尽全力。我十分期待那免费的聚餐会。"

16年后，这个男孩成了世界著名软件公司的总裁。他就是比尔·盖茨。

人在心里对自己有多大的期望，就会带动自己取得多大的成就。很多时候，并不是你不能取得较大的突破，而是你的心早就被自己禁锢住了，不敢奢望过多。

张德培是历史上最年轻的网球赛男单冠军，当年，这个不满20岁的黄皮肤小伙子在巴黎成为法国网球公开赛男单冠军的时候，整个球场都为之沸腾了，他也成为第一个在这里获得冠军的华裔选手。在其后16年的网球生涯里，他一共赢得34个冠军和近两千万美元奖金，并在1996年年终的ATP男单总排名榜上名列第2位，这一切成绩的取得，和他对自己的期望和激励有着重要的关系。

据专家分析，张德培的身体条件并不适合网球运动。他一米七五的身高，即便放到女选手中也只算是中等，再加上亚洲人先天性的力量不足，使他在高手如林的男子网坛显得十分单薄。

为了取得理想的成就，体格的缺陷迫使他必须要用速度和坚忍的意志来弥补这没有捷径，只能依靠超出常人的刻苦训练。于是日复一日，年复一年，人们看到这名黄皮肤的小伙子从来不给自己放假。当桑普拉斯躺在希腊海滩上晒太阳时，当阿加西赴拉斯韦加斯观看拳击比赛时，张德培都是在球场上训练，他从未减少对自己的期望。

训练的过程是极其艰辛的，但他坚持了下来！在此后的十余年里，张德培凭借灵活的脚步和不懈的跑动，运用娴熟的底线技术与对手周旋，一有机会就击出大角度的回球置对手于死地，在男子网坛杀出了一片属于自己的天地。

很多人都渴望成功，而成功的不二法门就是你积极地期望它的到来。如果希望一劳永逸，浅尝辄止，则很可能一事无成。

心理学家称，人的潜力无穷，能否最大限度地挖掘这些潜能，关键在于是否善于强迫自己、经营自己、期望自己。希望成功，必须加倍努力。只有不懈努力，才会有丰厚的收获。成功人士有一点是相同的，那就是他们对自己的期望值永远比别人高。

心理学家说，那些取得一番成就的人，无疑不是在同一种考验面前坚持到最后的人。他们的这种坚持，来源于强烈的期盼，他们幻想着目标达成后的收获和喜悦，因此，也就能尽最大可能排除一切困难，让自己竭尽全力地去尝试。

你的人生决定于你所做的决定，取决于你做事的态度。不管你现在的境遇怎样，命运即将从你决定竭尽全力去奋斗的那一刻起开始改变。在生活中，并不是大多数人命里注定不能成为大人物，而是他们从来没有期待自己有一天会成为大人物。对于成功者来说，他们不是想要成功，而是一定要成功。他们不是努力尝试，而是竭尽全力获得最好的结果。他们强烈的渴望和期待，会使他们勇敢地把帽子扔过困难的墙，让自己没有退路，从而想尽一切办法，获得期待的收获。

绝境定律：给自己一片危崖，保持成长的警惕

人在绝境或没有退路的时候，在心里最容易产生爆发力，展示出非凡的

潜能。如果我们想在最恶劣、最不利的情况下取胜，最好把所有可能退却的道路切断，有意识地把自己逼入绝境，只有这样才能保持必胜的决心，用强烈的刺激唤起那敢于超越一切的潜能。

美国杰出的心理学家詹姆斯的研究表明：一个没有受逼迫和激励的人仅能发挥出潜能的20%~30%，而当他受到逼迫和激励时，其能力可以发挥80%~90%。许多有识之士不但在逆境中敢于背水一战，即使在一帆风顺时，也用切断后路的强烈刺激，使自己在通向成功的路上立起一块块胜利的路标。

其实我们每个人都总是对现有的东西不忍放弃，对舒适平稳的生活恋恋不舍，一个人要想让自己的人生有所转机，就必须懂得在关键时刻把自己带到人生的悬崖，给自己一个悬崖其实就是给自己一片蔚蓝的天空。

有个小孩子，见一只蝙蝠掉在地上，挣扎了好大一会儿也没有飞起来，心里就开始纳闷儿了：奇怪，蝙蝠是非常灵巧的动物，怎么落到地上之后就飞不起来了呢？

带着这个疑惑，小孩子去找他父亲。父亲把他带到了一个山洞里面。只见山洞的洞顶和洞壁倒悬着无数的蝙蝠，就是没有一只是栖落在地面上的。

见小孩子一副不解的样子，父亲就说：这是蝙蝠在给自己一片危崖。

“蝙蝠为什么要给自己一片危崖呢？”小孩子还是不解，“它这样做岂不是让自己每时每刻都处在危险中了吗？”

父亲笑着告诉他：“蝙蝠一旦脱离了攀附的洞壁，就会直接掉在地上。为了避免坠落而亡，蝙蝠只有尽全力地扑打着翅膀，努力使自己向上、再向上，所以我们才看到了灵巧飞翔的蝙蝠……”

“可是，为什么蝙蝠掉到地上之后，就再也飞不起来了呢？”

父亲接着解释道：“蝙蝠一旦掉在了地上，就再也没有悬挂在洞壁时那种‘生的危险，死的威胁’的感受了。没有这种生死攸关的感受，蝙蝠也就不可能再尽全力地去飞了。而正是因为没有尽全力地去飞，才使得它永远也飞不起来了！”

在生活中我们会看到这种现象，甲和乙两个同学毕业后一起参加工作。甲的工作较为安稳，且收入稳妥，温饱不愁；乙的工作则辛苦奔波，甚至风餐露宿。若干年后，我们发现，乙的成就远远高于甲。由此我们可以看出，人在艰苦的环境中，更能激发自己的潜能。以此推理，当人处于绝境中时，也正是他最强大的时候。

人面对复杂的工作，恐惧和退缩其实于事无补。无论在任何时候，你都要明白，越是困难的事情，越能让你实现突破。你不妨向蝙蝠一样给自己一个“悬崖”，让自己时刻保持成长的警惕，抵御放纵的心理，在自己制造的绝境中，完善自己的心理。

第04章

了解心理效应：探寻内心深处的秘密

跳蚤效应：心理高度决定人生的高度

在一次培训课上，一位心理学家绘声绘色地给学生们讲述了这样一个故事：

一位教授曾经做过这样一个实验，在一个玻璃杯里放进一只跳蚤，跳蚤立即轻易地跳了出来。我们知道跳蚤跳的高度一般可达它身体的400倍左右，所以跳蚤称得上是动物界的跳高冠军。接下来他再次把这只跳蚤放进杯子里，然后立即在杯子上加一个玻璃盖，跳蚤照样跳起但却重重地撞在玻璃盖上。一次次被撞，跳蚤开始变得聪明了，它开始根据盖子的高度来调整自己所跳的高度，直至在盖子下面可以自由跳动。

一天后，实验者把盖子轻轻拿掉，跳蚤不知道盖子已经去掉了，它还是在原来的那个高度继续跳。

从此，可怜的跳蚤再也没有跳出那个玻璃杯，最终死在了里面。

实验结束后，很多学生觉得有些滑稽，坦言说跳蚤实在是太愚蠢了，只是一个小小的玻璃盖，使得原本弹跳力很强的它被困在了一个特定的弹跳高度，不能自由自在地生活，真是可悲。

心理学家告诉学生们：与其说是盖子挡住了它向上的路线，使得它无法突破这个固定的框框，不如说是这个盖子框住了跳蚤的思维和观念，使得它在特定的环境中，培养出了一种思维定式，这种定式深深地作用于它的心理，使得它告诉自己，那个盖子的高度，是无法超越的。

人和跳蚤存有某些共同点，如果人长期被禁锢在特定的环境内，同样会形成一种固定的思维模式，在潜意识里面深深植根，在心理上表现为不敢尝试。在已成定局的情况下，人的思维又往往是单一的，在受限制的特定的环境中形成的思维方式，很多的客观因素同时作用于心理，告诉你，就应该是这样的，不能超越，没有其他回旋的余地，于是，就形成了思维定式。最终使得人往往在简单的事情面前，也不能做出正确的判断。

因此，如果你审视自己之后，发现自己的观念缺少灵活的变通性、自己的心理缺乏不断尝试的勇气，那么，你就很有必要及时从“跳蚤效应”的魔咒里把自己解脱出来了。

鸟笼效应：不要给自己的心挂上笼子

1907年，詹姆斯结束教学生涯，从哈佛大学退休，同时退休的还有他的好友物理学家卡尔森。

有一天，两人突发奇想，打了个赌。詹姆斯说：“我一定会让你不久就养上一只鸟的。”卡尔森不以为然：“我不信！因为我从来就没有想过要养一只鸟。”

没过几天，恰逢卡尔森生日，詹姆斯送上了礼物——一个精致的鸟笼。卡尔森笑了：“我只当它是一件漂亮的工艺品。你就别费劲了。”从此以后，只要客人来访，看见书桌旁那只空荡荡的鸟笼，他们几乎都会问：“教授，你养的鸟什么时候死了？”卡尔森只好一次次地向客人解释：“我从来就没有养过鸟。”然而，这种回答每每换来的却是客人困惑而有些不信任的目光。无奈之下，卡尔森教授只好买了一只鸟，詹姆斯的“鸟笼效应”奏效了。

通过这个案例，我们看到“鸟笼效应”的一个很有意思的规律：如果一个人买了一个空的鸟笼放在自己家的客厅里，过不了多久，他一般会有两种选择，丢掉这个鸟笼或者买一只鸟回来养。

原因是：空空的鸟笼挂在客厅里，不仅显得别扭，而且也极不美观。即使主人不在意，每次来访的客人都会很惊讶地问他这个空鸟笼是怎么回事，或者把怪异的目光投向空鸟笼。时间一长，他不愿意忍受每次都要进行解释的麻烦，就会丢掉鸟笼或者买只鸟回来相配。

心理学家对这一现象解释说，这是因为买一只鸟比解释为什么有一只空鸟笼要简便得多。即使没有人来问，或者不需要加以解释，长时间放置一个空空的鸟笼也会对人的心理造成一定的压力，时间一长，“鸟笼效应”也会使其主动去买来一只鸟与笼子相配套。

“鸟笼效应”是一种潜在的对心理的影响。佛经云：人最难摆脱的是无谓的烦恼。许多人不正是先在自己的心里挂上一只笼子，然后再不由自主地往里面填满一些东西吗？ 在心理学领域，“鸟笼效应”也被称为“空花瓶效应”。如一个女孩子的男朋友送了她一束花，她很高兴，特意让妈妈从家里带来一只水晶花瓶，结果为了不让这个花瓶空着，她的男朋友就必须隔几天就送花给她。

近几年，人们对住房的刚性需求加大，房子成了稀缺资源。一个人一旦买了房子就想去装修，于是麻烦就开始了，整体布局，房间的主色调，每件物品的搭配，家具的选择，每个选择都受前一因素的影响或制约。就会为了藏书去做个书柜，做了书柜就要配一个凳子，配了凳子可能还需要配一个落地窗，这样看书才高雅，配了落地窗，又发现房子太小，必须把房间给打通……“鸟笼效应”就这样发生在装修房子的过程中，如果把握不好自己的心理，不能保持一颗平常心，恐怕在这个过程中会遇到诸多的烦恼。

霍桑效应：你可以让自己变得更好

“霍桑效应”是心理学中一项重要的效应，也有人称为“宣泄效应”。

20世纪二三十年代，美国研究人员从在霍桑工厂进行有关工作条件、社会因素和生产效益关系的实验中发现了“实验者效应”，心理学家称为“霍桑效应”。

这项实验的第一阶段是从1924年11月开始的，主要测试工作条件和生产效益之间的关系，实验者把工人分为实验组和控制组。结果不管增加或控制照明度，实验组产量都上升，而照明度不变的控制组产量也增加。另外，又试验了工资报酬、工间休息时间、每日工作长度和每周工作天数等因素对生产效益的影响，结果也看不出这些工作因素对生产效益有直接影响。

实验进行到第二阶段，他们请来了美国哈佛大学的教授梅奥，其着重研究社会因素与生产效率的关系，结果发现生产效率的提高主要是由于被实验者在精神方面发生了巨大的变化。参加实验的工人被置于专门的实验室并由研究人员领导，其社会状况发生了变化，受到各方面的关注，从而形成了参与实验的感觉，觉得自己是公司中重要的一部分，而使工人从社会角度方面受到激励，促进产量上升。

分析这个效应，心理学家总结：当某个人受到公众的关注或注视时，学习和交往的效率就会大大增加。

“霍桑效应”在我们日常工作和生活中也有所表现，并被人们有意识或无意识地采用。例如，现在有些学校为了获得更好的升学率和教学成绩，就根据学生成绩分不同等级的班，对成绩相对优良的那一部分学生给予特别的关注，使得那些在优等班的学生对学习更加有信心，更加发奋努力，学习成绩也越来越好。然而，这样做只注意了问题的一个方面，忽视了另一个方面，即那些没有受到关注的学生有的不免会产生自卑感，缺乏自信心，学习劲头不足，甚至“破罐子破摔”。

从这一点来说 “霍桑效应”给我们的另一个启示是：人在一生中会产生数不清的意愿和情绪，但最终能实现、能满足的却为数不多。对那些未能实现的意愿和未能满足的情绪，切莫压制下去，而要千方百计地让它宣泄出来，这对人的身心和工作效率都非常有利。

通过上面的分析，我们看到“霍桑效应”的正面作用是，当某个人受到公众的关注或注视时，学习和交往的效率就会大大增加。换句话说，在别人的关注下，人们的行动更具驱动力和自主性。这点在教学中经常体现，如一个学生学习成绩有所进步，老师把他夸奖为大家的榜样，并让大家关注他的学习方法和近况，那么，多数情况下，这个孩子的学习成绩会持续提高。

同时，我们也不可忽视“霍桑效应”的负面影响。在“霍桑效应”发生正面作用时，相应的也会出现负面影响。当某个人受到大家的关注，受到夸奖时，必然会受到别人的嫉妒，这些人就容易受到“霍桑效应”的负面影响，产生不良情绪。虽然它可以通过别的途径转移，却不会被直接消灭。人们在压抑、克制阶段往往意识不到它的存在，但如果一直找不到宣泄的途径，那就会使人们在心理上形成强大的潜在压力。过分压抑会导致精神忧郁、孤独、苦闷，甚至窒息；一旦控制不住，会导致心理堤坝崩溃，使人表现出一种变态的行为，甚至导致精神失常。

因此，心理学家告诫人们，当这种不良情绪发生作用时，要学会缓解和疏导。如偶尔幽默一下不失为一种很好的调解方法，有时能取得异乎寻常的效果，幽默可以帮助人们把压抑所产生的情绪，以合法的、文雅的方式宣泄出去。

鲇鱼效应：有竞争才有积极成长的动力

在挪威，很多人都酷爱食用沙丁鱼，那里的渔夫在海上捕到沙丁鱼后，如果能让他活着抵港，卖价就会比死鱼高好几倍。但是，由于沙丁鱼生性懒惰，不爱运动，返航的路途又很长，因此捕捞到的沙丁鱼往往一回到码头就死了，即使有些活的，也几乎奄奄一息。

但奇怪的是，有一位渔民的沙丁鱼总是活的，而且很生猛，所以他赚的钱也比别人的多。该渔民严守成功秘密，直到他死后，人们才打开他的鱼槽，发现只不过是多了一条鲇鱼。

原来当鲇鱼装入鱼槽后，由于环境陌生，就会四处游动，而沙丁鱼发现这一异己分子后，也会紧张起来，加速游动，如此一来，沙丁鱼便活着回到港口。这就是所谓的“鲇鱼效应”。运用这一效应，通过个体的“中途介入”，对群体起到刺激竞争的作用，它符合人才管理的运行机制。

心理学家研究这种现象，总结出：鲇鱼是一种生性好动的鱼类，并没有什么十分特别的地方。然而自从有渔夫将它用作保证长途运输沙丁鱼成活的工具后，鲇鱼的作用便日益受到重视。沙丁鱼，生性喜欢安静，追求平稳。对面临的危险没有清醒的认识，只是一味地安逸于现有的日子。渔夫，聪明地运用鲇鱼好动的作用来保证沙丁鱼活着的数目，在这个过程中，他也获得了最大的利益。

“鲇鱼效应”在自然界普遍存在。科学家曾观察过大自然中的鹿群，他们发现，如果一个鹿群的活动区域里没有狼等天敌，它们缺少危机感，不再奔跑，身体素质就会下降，这个鹿群的整体繁衍就会大受影响。

联系人类的生活和工作，我们发现，那些缺乏竞争的组织，其生命力远远不如在激烈竞争中磨炼出来的组织。因此，心理学家告诫我们，如果你的组织内部缺乏活力，效率低下，那么不妨引入一些“鲇鱼”来，让它搅浑平静的水面，让“沙丁鱼”们都动起来。

通过对“鲇鱼效应”的分析，我们知道竞争和生存危机对人的心理和个人发展有重要影响，只有在压力和挑战下，人才不会松懈，才不会在安逸中走向灭亡。也只有在压力和挑战下，人才能居安思危，不停地奋斗以立足于这个社会而不被淘汰。也只有这样，人们才能充满活力，整个人类社会才能青春永驻。

一位心理系学生对于“鲇鱼效应”给出了这样的分析：渔夫采用鲇鱼

来作为激励手段，促使沙丁鱼不断游动，以保证沙丁鱼活着，以此来获得最大利益。对于“鲇鱼”来说，在于自我实现。鲇鱼型人才是企业管理所必需的。鲇鱼型人才是出于获得生存空间的需要而出现的，而并非是一开始就有如此的良好的动机。对于鲇鱼型人才来说，自我实现始终是最根本的。对于“沙丁鱼”来说，在于缺乏忧患意识。沙丁鱼型员工的忧患意识太少，一味地想追求稳定，但现实的生存状况是不允许沙丁鱼有片刻的安宁。“沙丁鱼”如果不想窒息而亡，就应该也必须活跃起来，积极寻找新的出路。

第05章

洞察心理现象：细微之处彰显强大内心

詹森心理：为什么有时候会发挥失常

在现实生活中，我们经常能发现这样一种现象：有些学生，平时考试成绩一直很优秀，上课时的表现，也经常被老师称赞，是成绩优秀的尖子生；有些运动员，在备战时，成绩已经打破了世界纪录，是夺金的热门选手，可到真正比赛时，取得的成绩却很难令人满意，甚至让人大跌眼镜。这种受某些因素影响，在关键时刻不能完全发挥自身水平的现象，心理学家称为“詹森效应”。

之所以用詹森的名字命名，来源于这样一个小故事：

有一名叫丹·詹森的运动员，平时训练非常刻苦，实力雄厚，但在体育赛场上却连连失利。经过分析，人们发现他平时表现良好，但由于缺乏应有的心理素质而导致竞技场上的失败，从此，“詹森效应”就被心理学家广泛研究。

詹森效应可以视为是人一种浅层的心理疾病，是将现有的困境无限放大的心理异常现象。

翻看中国运动员参加历届大赛的战绩史，受詹森效应影响的人也不难找到。2004年雅典奥运会是中国在此之前，参加奥运会取得成绩最好的一届。当时被寄予夺金厚望的中国男子体操世界冠军李小鹏，在男子单项比赛中发挥失常，仅获得一枚双杠铜牌。否则，中国的金牌榜上，会再添一枚宝贵的金牌。据媒体报道，同样是他，在2003年世界体操锦标赛却获得了两个项目的冠军，而且他也是2000年悉尼奥运会的双杠金牌得主。由此我们不能说他没有夺金的实力，事实上，他在赛后接受采访时表示，这次发挥失常的主要原因是某些特殊情况给自己带来了较大的压力，心理紧张。

同样是在这届奥运会上，中国女排以3：2战胜俄罗斯队，赢得了奥运冠军，又一次成为国人的骄傲。女排精神在中华人民共和国国歌奏响、国旗升起的时刻，又一次光彩绽放。

在这场比赛的过程中，中国女排开局就处于被动，在没有调整过来的前提下，先负于俄罗斯队两局，不能再失局的中国队在第三局并没有出现人们意料中的慌乱，打得依然有板有眼，除了其间出现一次平分外，比分更是一路压着对手。就这样，赢回信心的中国姑娘笑到了最后。由此，我们不得不说是中国女排良好的心理素质战胜了对手。很多运动员总结：在胜败取决于最后几个球的关键时刻，谁能保持沉着冷静的状态，拥有更好的心理素质，谁就能赢得最终的胜利。

随着奥运会世界影响的扩大，某些国家为了提升运动员的实力和战绩，请心理学研究人员深入分析这类大战时就表现平平的运动员的心理特征，得出了以下结论："实力雄厚"与"赛场失误"之间的唯一解释只能是心理素质问题，主要原因是得失心过重和自信心不足造成的。

有些平时"战绩累累"、出类拔萃的运动员，由于受大家的追捧和利益的熏染，造成一种心理定式：只能成功不能失败，再加上赛场的特殊性，社会、国家、家庭等方面的厚望，使其患得患失的心理加剧，心理包袱过重，如此强烈的心理得失困扰自己，怎么能够发挥出应有的水平呢？另外，在心理压力的作用下，比赛的信心也会受到较大的影响，由此产生怯场心理，束缚了潜能和能力的发挥。

心理学家说，"詹森效应"在各类人身上都有体现，特别是当他们面对重大、关键的场合的时候，紧张的氛围、无形的压力等，潜移默化地敲击着他们的内心，使得他们发挥失常，错失机会。在日常生活中，有些名列前茅的学生在高考中屡屡失利，有些实力相当强的运动员却在赛场上发挥异常、饮恨败北等，这都是“詹森效应”的实例。心理学家为了引导他们解决这一问题，给出了几条建议。

首先，要认清“赛场竞争”的目的，其得出的只是个结果，不会对你自身产生多么严重的后果，从而克服恐惧感。赛场并不可怕，只是比平常正规一些而已，以一颗平常心对待，尽量想一些平常生活中的事，这种紧张感会有所缓解。 其次，要平心静气地走出狭隘的患得患失的阴影，不贪求成功，只求正常地发挥自己的水平。赛场是高层次水平的较量，同时也往往是心理素质的较量，“狭路相逢勇者胜”，信心越强、心态越平和，相信自己平时的水平和一分耕耘必定有一分收获，这样往往更能取得令人满意的结果。

犹豫心理：别再犹豫不决中失去机会

人的一生是由一个个选择构成的，每一个选择都决定了你以后的人生道路。正是因为人们知道自己在某种特定情况下做出的判断的重要性，害怕做出错误的判断，得到错误的结果，也就滋生了犹豫心理的蔓延。

很多人面对的最简单的犹豫就是，一件事情，你可以做出两种不同的选择来处理，但此时你不知道选哪种好；有时只有一种选择时，你还会犹豫做还是不做，这种犹豫不决的状态，常常会耽误了事情的进展。有些人无法摆脱面对选择时的犹豫心理，就养成了做事拖沓的习惯，总是强迫自己、为难自己，在两者之间徘徊，结果就是选择放弃，什么都不去做，最终落得一事无成。

一个穷小子和一个富家小姐相识并相爱了，但是他总觉得两人的身份不太匹配，所以不敢过于表现自己的热情。有一天，这个年轻人很想到他的恋人家去，找他的恋人出来，一块儿消磨下午的时光。但是，他又犹豫不决，不知道究竟应不应该去，恐怕去了之后，或者显得太冒昧，或者他的恋人太忙，拒绝他的邀请。于是，他左右为难了半天。最后，他勉强下了个决心，坐上一辆三轮车去了。

车子终于停在他恋人的门前了，他虽然后悔来，但既然来了，只得伸手去按门铃。现在他只好希望来开门的人告诉他说："小姐不在家。"他按了第一下门铃，等了3分钟，没有人答应，他勉强自己再按第二下，又等了2分钟，仍然没有人答应。他如释重负地想："全家都出去了。"

于是，他带着一半轻松和一半失望回去了。心里想：这样也好，但事实上，他很难过，因为他又失去了一个与恋人相聚的机会。

你能猜到他的恋人现在在哪里吗？他的恋人就在家里，她从早晨就盼望这位先生会突然来找她。她不知道他曾经来过，因为她家门上的电铃坏了。那位年轻人如果不是那么犹豫不决，如果他像别人有事来访一样，按电铃没有人应声，就用手拍门试试看的话，他们就会有一个快乐的下午了。但是，他并没有下定决心，所以他只好徒劳而返，让他的恋人也在暗中失望。

很多时候，机会已经站在了你的身旁，只要你坚定地伸出你的臂膀，挽住她的腰，她就会倾心于你。与其相反的是，很多人都曾想挽着她的腰，但又担心她的心不属于自己。就在这反复思考之时，机会已经悄然从你身边溜走了。

其一，受到犹豫心理干扰的人，总是诸事不顺。为消除犹豫心理，心理学家告诫人们，在需要做出选择时，不应将各种可能的结果单纯地视为对的或错的，好的或坏的，甚至不应视为更好或更坏，只需把他们看作不同的出路而已。只要自己勇敢地走下去，每一条路，都是正确的，只是其中的坎坷和风景不同。这样，你就能颠覆犹豫，大胆地行事了，此为其一。

其二，你要明确自己选择的目标，明确做事的目的。例如，你来到电子器材商场买一台显示器，首先你就应明确是买台式的，还是买液晶的；要买多大尺寸，价位定在哪个档次。将目标确定了，再去看货，才不至于被售货员的商品推销弄得无所适从。

其三，要善于应变，遇事不乱方寸。任何事情都不是很单纯的，智者千虑，仍有一失，你考虑得再细致，事到临头也会有些意外情况。这使意志薄弱者最容易陷入犹豫的陷阱。因此需要冷静，需要遇事不慌。要用意志来约束自己，排除干扰，避免选择的失误。

其四，不要轻易听从别人的意见。由于人的文化素养不同，生活阅历有别，爱好、兴趣也不一样，对任何事情出现不同看法是正常的现象。而犹豫者最容易在这种不同看法面前吃败仗，所以对来自不同角度的不同声音，不必盲从，不必随声附和。只要认为自己选择的是正确的，就不必在意那些闲言碎语。犹豫心理就会渐渐消失。

对于那些谨慎和追求完美的人来说，犹豫心理是他们最大的敌人。面对一件事要做出抉择时，前怕狼，后怕虎，是意志薄弱的表现，是犹豫心理的前兆。意志是人意识的能动作用的表现。它是人在认识客观事物时，自觉地确定行动目的并选择适当的手段，通过克服困难达到自己预定目标的心理过程。意志薄弱，就是欠缺意志的抵抗力，故而又称意志欠缺。它的典型表现就是容易被外来暗示所左右，感情脆弱，胆小怕事，缺乏主见，无法自做决定，即使已经决定，也常常反悔，使得犹豫心理更加严重。

很多人面对多种选择或一些重要的选择时，会惶恐不安，束手无策。他们不知道也不敢做出任何的选择，只能在那里犹豫不决，看着机会从自己的手中溜走。其实，在社会上打拼了许多年的人通常有这样的经验：很多时候，你越想思考周全，防止纰漏，结果却往往事与愿违。要知道，生活中原本需要非常谨慎的事并不太多，就算是真正的大事，也很难真正找到万全之策，一再犹豫不会使事情自动向好的方向发展。不过如果敢行事，即使是走错了，或许还能尽早补救。

从众心理：有自己的观点，别总是“随大流”

“从众”是一种比较普遍的社会心理和行为现象。通俗地解释就是“人云亦云”“随大溜”；大家都这么认为，我也就这么认为；大家都这么做，我也就跟着这么做。人是群居的动物，因此，人的从众心理更为强烈。

有一个心理学家曾做过这样一个简单的实验：在一个繁华的闹市区，他站在人头攒动的街道上，抬头看着湛蓝的天空，若有所思地托着下巴，不时地发出肯定的声音。他的举动渐渐受到街上的人的注目，起初是因为好奇，有人过来询问心理学家在干什么，他缄口不答，依旧保持着仰望的姿态。过了几分钟，围观的人越来越多，他的身边站了十几个人，他们也在那里往天空看，虽然其间也有人转身离去，但离开的人，远远不如加入的人多。半个多小时过去了，这个路口聚集了几百人，在从众心理的作用下，他们做出同一个举动——抬头仰望蓝天。

这个实验虽然是个个例，其中也有好奇心理的作用，但不可否认，从众心理对这一行为起着主导作用。

这是从众心理在现实生活中的一个表现。美国心理学家所罗门·阿希在多年前也设计实施了一项实验，用以研究从众心理。后来，这个著名的实验就以阿希的名字命名。

在心理学领域，“阿希实验”是研究从众现象的经典心理学实验，是指个体受到群体的影响而怀疑、改变自己的观点、判断和行为等，以和他人保持一致。阿希实验是研究人们会在多大程度上受到他人的影响，而违心地进行明显错误的判断。

在实验进行之前，阿希发布消息，招募来了几名大学生志愿者。他告诉他们这个实验的目的是研究人的视觉情况。当某个来参加实验的大学生走进实验室的时候，他发现在他之前已经有5个人先来了，并依次坐下，他只能坐在第6个位置上。事实上他不知道，其他5个人是跟阿希串通好了的实验人员，也就是我们现在俗话说的“托儿”。

当被测试者就位后，阿希拿出一张画有一条竖线的卡片，然后让大家比较这条线和另一张卡片上的3条线中的哪一条线等长。阿希要求他们判断了18次，事实上这些线条的长短差异很明显，普通人很容易就能做出正确判断。

然而，在两次正常判断之后，5个“托儿”故意异口同声地说出一个错误答案。于是他开始迷惑了，是坚定地相信自己的眼力呢，还是说出一个和其他人一样，但自己心里认为不正确的答案呢?

不同的人会有不同程度的从众倾向，但从总体结果看，平均有33%的人判断是从众的，有76%的人至少做了一次从众的判断，而在正常的情况下，人们判断错的可能性还不到1%。当然，还有24%的人一直没有从众，他们按照自己的正确判断来回答。

在印度流传着这样一个故事：

在很久以前，有一个婆罗门对祭祀特别虔诚。有一次，他从别的村庄找了一只又肥又大的羊，准备回去用它举行祭祀礼仪。

有三个流氓看到他扛着这只又大又肥的羊，垂涎三尺，就密谋着从三条道迎面向这个婆罗门走去，施计得到这只羊。

第一个流氓碰到婆罗门说：“哎呀，你怎么做这样可笑的事，把一只肮脏的狗扛到肩上。” 婆罗门非常生气地对他说：“你瞎眼了，把祭祀的羊看成狗。”流氓就说：“婆罗门，你不听我的话，我也没有办法。你自己愿意就随便好了。”说完，这个流氓走了。

没走多远，第二个流氓走了上来。对婆罗门说：“哎呀，你就是喜欢一只死了的狗，也不要把它扛在肩上呀。这不太好吧！” 婆罗门非常气愤，对他说：“你怎么把祭祀的羊看成狗，真是瞎了眼。”那个流氓说：“婆罗门，你不要发火，你自己愿意别人也管不了呀。”说完也走了。

又没走多远，第三个流氓走了上来。他对婆罗门也说着同样内容的话，硬是把一只羊说成是一条狗。婆罗门把他也怒骂了一通。

三个流氓走了后，婆罗门就不断地想着他们三人的话。“这明明是羊啊。他们三人为什么都说这是一只死狗呀？”他又想，“不好，这如果要真是只狗，我还把它扛在肩上，实在是太可怕了。因为碰到死狗的人会遭到不测呀！”

婆罗门边走边想，越想越害怕，这要真是狗怎么办。最后，他说服不了自己了，竟真以为自己扛的是一只死狗。他赶忙停了下来，扔掉了这只自己亲手讨来的肥羊，然后一路跑着回家去了。他要回去把满身的秽气和不吉利赶紧洗掉。

三个流氓看着婆罗门把羊扔掉，终于如愿以偿了。他们三人兴高采烈地扛着那只肥羊走了，然后美美地饱餐了一顿。

从众心理在人们的生活中普遍存在，现代心理学家解释说，从众心理是指由一个人或一个团体真实的或是臆想的压力所引起的人的行为或观点的变化。其表现为在没有分清正误的大多数人的一致判断面前，轻易否定了自己的观点，以此博得别人认为的正确。这也就是我们平常所说的“随大溜”。

从众心理在日常生活中经常显现。如论证某一观点时，大多数人意见一致，自己很孤立，内心不安，开始忐忑，最终从众。心理学家通过进一步研究发现，不同类型的人，从众行为的程度也不一样。一般来说，女性从众多于男性；性格内向、有自卑感的人多于外向、自信的人；文化程度低的人多于文化程度高的人；年龄小的人多于年龄大的人；社会阅历浅的人多于社会阅历丰富的人。

第06章

认知自我心理：
破解不同的人性密码

你应该多了解真实的自己

肖曼·巴纳姆是一位著名的魔术师，他曾经这样评价自己的表演：“我的节目之所以受欢迎，是因为节目里包含了每个人都喜欢的成分，所以，每一分钟都会有人上当受骗。”事实上，在现实生活中，我们既不能时刻来反省自己，看清自己，也不能把自己放在局外人的位置来观察自己。大多数时候，我们只能借助外界的一些信息来认识自己。所以，我们很容易受到外界信息的暗示，迷失在环境中，并习惯性地把他人的言行作为自己行动的参照。早在两千多年以前，古希腊人就把“认识你自己”刻在了阿波罗神庙的门柱上，但是，直到今天，我们也只能遗憾地说，“认识自己”仍有一段遥远的距离，其原因在于我们并不了解最真实的自己。

爱因斯坦16岁那年，父亲给他讲了一个故事，正是这个故事改变了爱因斯坦的一生：

昨天我与杰克去清扫南边的一个大烟囱，那烟囱需要踩着里面的钢筋踏梯才能进去。杰克走在前面，我在后面，我们俩抓着扶手一阶一阶地爬了上去，下来的时候，杰克依旧走在前面，我还是跟在后面。后来，钻出烟囱后，我发现了一件奇怪的事情：杰克的后背、脸上全被烟囱里的烟灰蹭黑了，而我身上竟连一点烟灰也没有。我看见杰克的模样，心想我一定和他差不多，脸脏得像个小丑，于是，我到附近的小河里去洗了又洗。而杰克看见我全身干干净净，就以为自己和我一样，只简单地洗了洗手就上街了，结果，街上所有的人都笑破了肚子，他们以为杰克是个疯子。

最后，父亲郑重地对斯因斯坦说：“别人谁也不能做你的镜子，只有自己才是自己的镜子，拿别人做镜子，白痴或许会把自己照成天才的。”

我们之所以无法了解到真实的自我，大部分原因在于我们容易受外界信息的影响，诸如他人的言行等，在那些来自外界信息的暗示下，我们就可能出现了自我认知的偏差，好似看着杰克浑身很脏，就以为自己身上也很脏。因此，要想真正地看清自己，我们需要避免陷入别人眼光的谜团中，让自己成为自己的镜子。

有一个割草的孩子打电话给陈太太：“您需不需要割草？”陈太太回答说：“不需要了，我已有了割草工。”这个孩子又说：“我会帮您拔掉花丛中的杂草。”陈太太回答说：“我的割草工也做了。”这个孩子又说：“我会帮您把草与走道的四周割齐。”陈太太说：“我请的那人已经做了，谢谢你，我不需要新的割草工人了。”孩子挂了电话，哥哥在旁边不解地问道：“你不是就在陈太太那儿割草打工吗？为什么还要打这个电话？”孩子带着得意的笑容说：“我只是想知道我做得有多好。”

孩子通过打电话向雇主询问而收集了一些关于自己的信息，这样，他就能够预见自己未来的成长以及可能取得的成绩，从而认清自己。大多数人，难以拥有天生明智和审慎的判断力，实际上，判断力是在收集信息的基础上进行决策的能力，而信息对于判断有着不可忽视的作用。当我们无法收集到一些关于自己的信息，对自己就难以做出明智的判断，导致最终不能看清自己。

当一个人的情绪处于低落、失意的时候，他就对生活失去了控制感，于是，他内心的安全感也受到了影响。这样一个缺乏安全感的人，其心理的依赖性将大大增强，比较容易受他人言行的信息暗示。所以，当对方说出一段无关痛痒的话时，我们很容易“对号入座”，这就是一种心理倾向，这将影响到我们对自己作出真实的判断。

我们应该学会面对自己，不要因为自己有“缺陷”或者自己认为那是缺陷，就通过自己的方法将其掩盖起来，而这样的做法极其愚蠢。试想，当你把自己的眼睛蒙上时，你就真的掩盖了自己的缺陷了吗？因此，无论是自身的缺陷还是优点，我们都应该正确看待，因为面对自己是认识自己的必经之路。

让自己拥有认知内心的能力

美国浪漫主义诗人朗费罗说："别人借我们的过去所做的事来判断我们，然而，我们判断自己，却是凭将来能做些什么事。"心理学教授丹尼尔·吉尔伯特曾见过这样一个姑娘：衣衫不整、蒙头垢面，但长得很美。吉尔伯特教授跟她聊天，她也心不在焉，教授沉默了一会儿，突然问她："孩子，你难道不知道你是个非常漂亮、非常好的姑娘吗？""您说什么？"姑娘惊喜地问，美丽的大眼睛里泛着泪光。原来，在日常生活中，她所面对的是同学的嘲笑、母亲的谩骂，以至于她失去了自我认知的能力。子曰："不患人之不已知，患不知人也。"对每一个人来说，最担心的事情就是不够了解自己，不能清楚地认知自己。因此，我们要善于剖析内心，让自己拥有自我认知的能力。

一个人名声的好坏、能力的高低，是别人从事物的外表下的定义，根本就不是这个人的本质，自己真正的能力，只有自己心里最清楚。然而，一个人最难认知的就是自己的内心，最难以回答的就是：我是谁？我想要的生活是什么？不过，当你清楚地认知了自己，就能够在这个世界上找到最基本的出发点，就能够去善待他人。

年轻时候的富兰克林很自负，有一次，一个工友把富兰克林叫到一旁，大声对他说："富兰克林，像你这样是不行的！别人与你意见不同的时候，你总是表现出一副强硬而自以为是的样子，你这种态度令人觉得如此难堪，以致别人懒得再听你的意见了。你的朋友们都觉得不和你在一起时比较自在些，你好像无所不知、无所不晓，别人对你无话可讲了，他们都懒得和你谈话，因为他们觉得自己费了力气反而感到不愉快，你以这种态度来和别人交往，不去虚心听取别人的见解，这样对你自己根本没有好处，你从别人那里根本学不到一点东西，但是实际上你现在所知道的却很有限。”富兰克林听了工友的斥责，讪讪地说道：“我很惭愧，不过，我也很想有所长进。”“那么，你现在要明白的第一件事就是，你已经太蠢了，现在还是太蠢了！”这个工友说完就离开了。

这番话让富兰克林受到了打击，他猛然醒悟了过来，并开始重新认识自己，与内心作了一次谈话，并提醒自己：“要马上行动起来！”后来，他逐渐克服了骄傲、自负的毛病，成为了著名的科学家、政治家和文学家。

我们需要拥有全面认识自己的能力，全面认识既包括优点也包括缺点。一旦我们没有真正地认识自我，将导致内心自负或自卑等心理，最终这些负面的心理会影响到我们的一生。

认知自我是一种胜不骄败不馁的从容，需要冷静的思考，这样才有机会赢得最后的成功；认知自我是一种高度自立的洒脱的生活方式，看清生命的本真，创造出属于自己的人生价值；认知自我是一种高度责任心的反省，将勇气与真诚注入自己的言行中，认清前面的方向。所以，剖析内心，在忙碌之后不忘与自己作一次深入的交谈，从而拥有自我认知的能力。

通过认知自己到孕育自己，这是一个美好的人生历程。自我认知是一种严谨的人生态度，自信而不自满，无论是春风得意还是失败困惑，我们依然保持最平常的心态。拿破仑一生战功赫赫，但在晚年却遭遇了“滑铁卢”的惨败，此时他依然贪恋权力，企图复辟王朝，最终在绝望中死去。清楚地认知自己，需要我们摆脱一切外物的依赖，绝不做金钱或权力的奴隶。

打开心灵束缚，不要随意地否定自己

有一天，十分聪明的纳斯鲁丁跑来找奥修，激动地说："快来帮帮我！"奥修问："发生了什么事？"纳斯鲁丁说："我感觉糟糕透了，我突然变得不自信了，天啊！我该怎么办？"奥修说："你一直是很自信的人呀，发生了什么事让你如此不自信呢？"纳斯鲁丁很沮丧地说："我发现每个人都像我一样好！"

有人说："每个人都可以成为展翅翱翔的雄鹰，重要的是，你不要在心理上给自己设限，在心理上给自己制造失败。"纳斯鲁丁十分聪明，但是，他发现每个人都像自己一样好时却感觉糟糕透了，当他的内心被束缚，无法释放真实的自己时，不自信就产生了。现实生活中，我们常常会模糊自己真实的内心，习惯于在心理上给自己设限，使自己产生一种挫败感，导致最后我们还没有翱翔于蓝天就落地了。如果我们习惯了自我设限，那么，我们的心就会失去向上生长的动力，只能在被束缚的范围里挣扎。所以，不管我们遭遇了什么样的挫折，都不要随意地否定自己，否定自己就意味着扼杀自己的潜力和欲望。

1921年夏天，年仅39岁的富兰克林·罗斯福在海中游泳时突然双腿麻痹，后来经过诊断是患了脊髓灰质炎。这时，他已经是美国参议员了，是政坛上的热门人物。遭到了疾病的打击，他心灰意冷，打算退隐回到家乡。刚开始的时候，他一点都不想动，必须每天坐在轮椅上，但是，他讨厌别人整天把他抬上抬下，于是，到了晚上，他就一个人偷偷地练习怎么样上楼梯。经过一段时间的练习，一天他得意地告诉家人："我发明了一种上楼梯的方法，表演给你们看。"他先用手臂的力量把自己的身体支撑起来，慢慢挪到台阶上，然后再把双腿拖上去，就这样一个台阶一个台阶艰难地爬楼梯。母亲阻止儿子说："你这样在地上拖来拖去，让别人看见了多难看。"富兰克林·罗斯福却断然地说："我必须面对自己的耻辱。"

台湾著名美学大师蒋勋曾写道：“每个人完成自我，才是心灵的自由状态；每一个人按照自己想要的样子完成自己，那就是美，完全不必有相对性。天地之下可以无所不美，因为每个人都发现自己存在的特殊性。大自然中，从来不会有一朵花去模仿另一朵花；每一朵花对自己存在的状态非常有自信。”即使遭遇了疾病的折磨，富兰克林·罗斯福也并没有给自己心理设限，反而鼓起勇气来直面自己，挑战命运，完全地接纳了自己。其实，无论是身体的缺陷还是生活中的困难与挫折，这都不是心理设限的借口，更不是自暴自弃的理由。我们要敢于突破内心的束缚，释放自己最真实的内心。

在美国纽约街头，有一位卖气球的小贩，每次当自己生意不怎么好的时候，他就会向天空放飞几只气球。这样一来，就会吸引一些周围的小朋友来玩耍，自己的生意又会好起来，那些被气球吸引过来的小朋友都争着买色彩漂亮的气球。

有一天，当他向空中放飞了几只气球的时候，他发现了在一大群围观的孩子中间，有一个黑人小孩，他用一种疑惑的眼神看着天空。小贩很奇怪，他在看什么呢？顺着黑人孩子的眼光看去，他发现空中正飘着一只黑色的气球。

小贩走上前去，用手轻轻地抚摸黑人孩子的头，微笑着说：“孩子，黑色气球能不能飞上天，在于它心中有没有想飞的那一口气，如果这口气够足，那它一定能飞上天空。”

许多人在面对挫折与困难的时候，心底都会传出这样的声音：我做不到的。自己束缚了内心，最终他真的没有做到。齐克果曾经说：“一旦一个人自我设限，并且一直认定自己就是个什么样的人时，他就是在否定自己，甚至他不会自我挑战，只想任由自己一直如此下去，而这终将导致自我毁灭。”其实，“我做不到”是一种逃避的心态，在还没有开始之前，他就先被打倒了，如果我们总是有这样的逃避心态，那么，将会为自己留下许多难以弥补的遗憾。因此，我们应该突破内心的束缚，当心开始恐惧的时候，我们应该大声对自己说："你一定能做到的。"不断地暗示自己，释放出真实的内心，才能获得最后的成功。

有人这样种南瓜：当南瓜只有拇指大的时候，就把它装在罐子里，一旦它渐渐长大，就会把罐子内的空间占满，等到没有多余的空间了，南瓜则会停止成长，于是，南瓜就一直保持在罐子里的那种形状了。我们的心就如同南瓜一样，当它习惯了自我设限，在被束缚的范围里就不能自由生长，它会逐渐失去向上生长的动力，只能在原地徘徊。其实，束缚是源于内心的不确定或者不自信，当我们能够坚定告诉自己"一定能行"，从内心深处建立起强大的自信时，这种不确定或者不自信的束缚将会消失，从而释放出真实的自我。所以，在人生前进的路上，不要忘记告诉自己："你一定能行的！"

欣赏自己，发现全新的自己

心理学教授威廉·詹姆斯说："世界精神太忙碌于现实，太驰骛于外界，而不遑回到内心，转回自身，以徜徉自怡于自己原有的家园中。"世界上没有两个完全相同的人，每个人都是独立的个体，都有许多与众不同的甚至优于别人的地方，这是每一个人值得骄傲的地方。我们没有理由总是欣赏别人，而忽略了自己的优点；没有理由一味地比较，而最终丢失了自我。有人说："生活中并不是缺少美，而是缺少发现美的眼睛。"认同自己，学会欣赏自己，你会发现一个全新的自己。

泰勒在一次哈佛大学泰勒·本·沙哈尔教授的课堂上，有个学生在课堂上向沙哈尔提问："请问老师，您是否知道您自己呢？"沙哈尔心想：是呀，我是否知道我自己呢？他回答说："嗯，我回去后一定要好好观察、思考、了解自己的个性，自己的心灵。"

泰勒本·沙哈尔教授一回到家就拿来了一面镜子，仔细观察着自己的外貌、表情，然后来分析自己。首先，沙哈尔看到了自己闪亮的秃顶，心想："嗯，不错，莎士比亚就有个闪亮的秃顶。"随后，他看到了自己的鹰钩鼻，心想："嗯，大侦探福尔摩斯就有一个漂亮的鹰钩鼻，他可是世界级的聪明大师。"看到了自己的大长脸，就想："嗨！伟大的美国总统林肯就是一张大长脸。"看到了自己的小矮个子，就想："哈哈！拿破仑个子就很矮小，我也是同样矮小。"看到了自己的一双大撇撇脚，心想："呀，卓别林就有一双大撇撇脚！"

于是，第二天他这样告诉学生："古今国内外名人、伟人、聪明人的特点集于我一身，我是一个不同于一般的人，我将前途无量。"

泰勒·本·沙哈尔教授善于欣赏自己，这令他充满了自信，即使在别人看来，自己的长相并不出众，但是，经过他一番积极的心理暗示，原来自己身体的每个部分都与名人、伟人、智者扯上了关系，这样一来，自己肯定是一个前途无量的人。尼采曾这样说："聪明的人只要能认识自己，便什么也不会失去。"只有学会欣赏自己，才能使自己充满自信，并从自信中获得快乐，使自己的人生不迷失方向。

有这样一句话："人活着，或许有不少人值得欣赏，但你最应该欣赏的是你自己。"波尔是丹麦的物理学家，他在年轻时就提出了量子论，然而，在一次科学讨论会上，权威者们却否定了波尔的理论，但这并没有使波尔失去信心，反而更加努力地研究起来，为了寻找理论根据，他做了大量的实验，后来，科学家们证明了波尔的观点，他因此荣获了诺贝尔奖。正所谓"天生我材必有用"，学会自我欣赏可以产生巨大的力量推动自己走向成功，学会欣赏自己是成功的第一秘诀。

每个人都是独一无二的，没有任何人能够取代我们，也没有任何人能够贬低我们，除非你首先看轻了自己。有人总是叹息自己工作不如别人，外貌不够出众，才能不被老板赏识。其实，我们不必在乎别人的看法，学会欣赏自己或许能够重新找回自信。这个世界上没有两片完全相同的叶子，我们都是最特别的那一个。抛弃对他人的膜拜，以及对自己的叹息，冷静地思考，你会发现自己身上有着许多他人没有的特点，自己也可以和他人一样优秀。

有这样一句经典的话："你在桥上看风景，看风景的人却在楼上看你。"当我们总是在羡慕别人的时候，别人却正在欣赏着你，可谓"风景总是在别处"。人与人之间进行互相比较是不可避免的，但是，我们要知道，自己有缺点但更有优点，因此，在欣赏别人的同时不要忽略了自己。欣赏自己是一种智慧，它会令你浑身上下散发出自信的魅力；欣赏自己是一种心理暗示，当你把自己想象成什么样，你就会真的成为什么样的人。认同自己，学会欣赏自己，活出自己的价值，眺望远处的风景，准确把握自己的坐标，这才是人生的魅力所在！

第07章

变强大第一步：战胜堕怠，自己掌控自己

人之本性好逸，想成功先自控

古人云：“天将降大任于斯人也，必先苦其心志，劳其筋骨，饿其体肤，空乏其身，行拂乱其所为，所以动心忍性，增益其所不能。”古之成大事者，往往都能做到“动心忍性”，而这种自制力的来源就是自控心理，一个人只有认识自我，才能战胜自我、超越自我。金无足赤，人无完人，人最大的敌人是自己。只有能够战胜自我的人，才是真正的强者。很多时候，一个人是否有自控心理，是否有自控力，它的意义就好像汽车的方向盘对于汽车一样。不难想象的是，一个汽车，如果没有方向盘的话，它就不能在正确的轨道上运行，最终也只能走向车毁人亡。而一个自控心理强的人，就像一个有着良好制动系统的汽车一样，能够在很大程度上随心所欲，到达自己想要去的任何地方。因此，我们可以说，美好人生，就是从自控心理开始的。

巴西球员贝利，被人们成为“世界球王”“黑珍珠”，在很小的时候，对足球他就表现出惊人的才华。

那次，贝利和他的同伴们刚踢完一场足球赛，已经精疲力尽的他找小伙伴要了一支烟，并得意地吸了起来。这样，原先的疲劳都已经烟消云散了，然而，这一切都被他的父亲看在眼里了，父亲很不高兴。

晚饭后，父亲把正在看电视的贝利叫过来，然后很严肃地问：“你今天抽烟了？”

“抽了。”贝利知道自己做错了事，但也不敢不承认。

但令他奇怪的是，父亲并没有发火，而是站了起来，在房间里来回踱步，接着说："孩子，你踢球有几分天资，也许将来会有出息。可惜，抽烟，会损害身体，你现在要抽烟了，使你在比赛时发挥不出应有的水平。"

听到父亲这么说，小贝利的头更低了。

父亲又语重心长地接着说："虽然作为父亲的我，有责任也有义务教育你，但真正主导你人生的是你自己，我只想问问你，你是想继续抽烟还是做一个有出息的足球运动员呢？孩子，你已经长大了，该懂得如何选择了。"说着，父亲还从口袋里掏出一叠钞票，递给贝利，并说道："如果你不想做球员了，那么，这笔钱就拿给你做抽烟的经费吧！"父亲说完便走了出去。

看着父亲的背影，贝利哭了，他知道父亲的话有多大的分量。他猛然醒悟了，他拿起桌上的钞票还给了父亲，并坚决地说："爸爸，我再也不抽烟了，我一定要当个有出息的运动员。"

从此以后，贝利再也不抽烟了，不但如此，他还把大部分时间都花在刻苦训练上，球艺飞速提高。15岁参加桑托斯职业足球队，16岁进入巴西国家队，并为巴西队永久占有"女神杯"立下奇功。如今，贝利已成为拥有众多企业的富翁，但他仍然不抽烟。

欲胜人者先自胜！胜人者有力，自胜者强。谁征服了自己，谁就取得了胜利。学会自控，征服自己的一切弱点，正是一个人伟大的起始。大凡成功的人，都有极强的自控力。的确，自控心理能帮助我们抵制很多不良习惯，如懒惰、拖延等；能缓解不良情绪，如冲动、愤怒、消极；能抵御外界形形色色的诱惑，等等。而如果你无法自我控制，那么，那些不良的行为和情绪就会占据主导地位，从而控制你。那么，你很快就会失去奋斗的激情、学习的动力，甚至会偏离人生的正确的方向，误入歧途。

可见，我们每一个人，都应该认识到自控心理对于人生发展的重要性。所谓自控，顾名思义，就是自我控制。一个人只有坚决地约束自己、战胜自己，最终才能战胜困难，取得成功。而其实学会自控并不难，你只需要做到控制自己的心，只要我们遇到事情多想想要不要去做，后果会怎样，相信我们就一定能控制自己的言行。

保罗·盖蒂是美国的石油大亨，但谁也没想到的是，他曾经是个大烟鬼，烟抽得很凶。

曾经有一次，他在一个小城市的小旅馆过夜，半夜的时候，他的烟瘾犯了，就想找一根烟抽，但他摸了摸上衣的口袋，发现是空的。他站起来，开始在包里，外套口袋里等地方寻找，可是都没有。于是，他穿上衣服，想去外面的商店、酒吧等地方买。没有烟的滋味很难受，越是得不到，就是越想要，他当时就是很想抽烟。

就在盖蒂穿好了出门的衣服，在伸手去拿雨衣的时候，他突然停住了。他问自己：我这是在干什么？

盖蒂站在门口想，一个应该算得上相当成功的商人，竟然在半夜要冒雨、走几条街去买一盒烟？没多会儿，盖蒂下定了决心，把那个空烟盒揉成一团扔进了纸篓，脱下衣服换上睡衣回到了床上，带着一种解脱甚至是胜利的感觉，几分钟就进入了梦乡。

从此以后，保罗·盖蒂再也没有拿过香烟，当然他的事业越做越大，成为世界顶尖富豪之一。

这里，我们看到了一个真正的强者，他懂得约束自己的行为，懂得为自己的所作所为负责。这样的人必当能在人生道路上就能把握好自己的命运，不会为得失越轨翻车。

我们听过这样一句话："上帝要毁灭一个人，必先使他疯狂。"这句话的意思是，一个人，一旦失去自制力后，那么他距离灭亡的距离也不远了。的确，一个人连自己的行为也不能控制，又怎么能做到以强烈的力量去影响他人，获得成功呢？

失去控制的人生最终会使你失败。唯有自制的人，才能抵制诱惑，有效地控制自身，把握好自我发展的主动权，驾驭自我。一个人除非能够控制自我，否则他将无法成功。

小心危险和诱惑对你的威胁

我们都知道，一个能战胜自己的人是无敌的。通常，我们遇到的最强大的对手往往不是别人，而是自己。我们要想参与激烈的竞争，并在竞争中取胜，就必须首先做到自控，一个有自控心的人能够不断克服陋习、完善自己，一个不能自控的人却会被自己的一个小缺陷轻易击败。人或强大或弱小，是由能否战胜自我而决定的。然而，并不是所有人都能控制自己的行为，这是因为，很多时候，我们生活的周遭世界里，总是会出现一些动摇我们内心的威胁，这些威胁让我们摇摆不定，忘却了该如何做正确的决定，甚至做出错误的事来。关于自控力的威胁，我们可以总结为两大类：

第一，危险逼近的时候

当我们遇到危险的时候，我们会本能地抵抗，比如，当别人用武器击打你，你会用手挡住自己的头部，然后可能会自卫反击；当别人辱骂我们时，我们也可能会以牙还牙；当别人做了一些对我们不利的事时，他们会生气、愤怒……事实上，事后我们会发现，这些行为并不一定是正确的，甚至有时候会让我们陷入情绪带来的恶性循环中，愤怒与生气以及其他一些负面情绪对于解决危险因素本身并无益处，反而还会让我们找不到头绪，此时，“心”的自控很重要，我们应该学会注意力和感知力集中在危险源和周边环境上而非自身或其他什么东西。

曾经，有一个经验丰富的高级间谍被敌军抓住了，他立即想到，要想逃脱，就必须装聋作哑。当然，敌军也怀疑他是否真的不会说话。于是，他们开始运用各种方法盘问他，无论是诱惑还是欺骗，他都不为所动。于是，到最后，敌军审判官只好说：“好吧，看起来我从你这里问不出任何东西，你可以走了。”

这个间谍当然心里明白，这只不过是审判官检验他是否真说谎的一个方法而已。因为一个人在获得自由的情况下，内心的喜悦往往是抑制不住的，如果他此时听到审判官的话后立即表现出很愉快或者激动起来，那么，证明他听得到审判官的话，那么，他就不打自招了。因此，他还是站在原地，反复审问还在进行。最后，这名审判官不得不相信，他真的不是间谍。

就这样，有经验的间谍的生命，以他特有的自制力，保存下来了。

看完这个故事，我们不得不惊叹，多么精明的间谍。此处，他之所以能保存自己的生命，就在于他拥有超强的自控力，假如他在获得自由的情况下没有抑制住内心的喜悦，那么，他势必会露出破绽而丧失存活的机会。

在这一问题上，拿破仑·希尔也是这样做的。每当他遇到别人用难听的言辞来批评他时，他总能做到自我屏蔽，让自己免除无谓的烦恼。从那个时候起，拿破仑·希尔结交了更多的朋友而减少了很多的敌人。这成为拿破仑的一生中一个非常重要的转折点，他说："我知道，一个人只有先具备了自控能力，才能去控制别人。"

第二，诱惑逼近的时候

当一人在遭遇诱惑时，他的大脑会自动释放出一种叫作多巴胺的神经递质，它进入大脑后会控制注意力、动机和行动力的区域。

诚然，我们每个人都有欲望，这是不可能消除的，但我们必须学会对抗和控制它。尤其在物质财富极大丰富、文化多元的现代社会，我们如果不能控制欲望，那么便很容易迷失自我。

有一家大公司准备用高薪雇用一名小车司机。经过层层筛选和考试之后，只剩下3名技术最优良的竞争者。主考官问他们："悬崖边有块金子，你们开着车去拿，觉得能距离悬崖多近而又不至于掉落呢？"

"二公尺。"第一位说。

"半公尺。"第二位很有把握地说。

"我会尽量远离悬崖，越远越好。"第三位说。

结果第三位竞争者被留了下来。

可见，对于诱惑，你没有必要去和它较劲，而应离得越远越好。

总之，在诱惑尤其是不良诱惑面前，我们一定不能“上当”，而应该做到：一旦树立一个你找准了的目标，就要一心一意，更要懂得外界的诱惑对你来说都是我们成功道路上的绊脚石，但是这些绊脚石和我们生活上遇到的困难不一样，不能把它当作垫脚石，而是要远离这些诱惑，更要学会抵制诱惑。这样，我们才会离成功更近一步。

危险和诱惑是对我们的意志力的威胁，要提高自己的意志力，对抗这两种威胁，我们需要从“心”做起，你应该问自己的是“我的身体到底在做什么”而不是“我到底在想什么”，当你得出正确的答案时，你也就能采取正确的行动了。

三思而后行，别让情绪控制你

生活中，我们每个人都需要有一定的自控力，自控力是一个人成熟度的体现。 没有自控力，就没有好的习惯。 没有好的习惯，就没有好的人生。所谓自控力，指对一个人自身的冲动、感情、欲望施加的正确控制。然而，生活中，我们却常常会遇到一些扰乱我们脚步的事，它要么让我们产生坏情绪，或开心、或悲伤、或愤怒、或懈怠，但如果我们跟着情绪走不进行自控的话，那么，我们就可能会因为一时冲动而做出让自己后悔的事来，其实，要解决这一问题，我们首先要学会“控心”。我们在心情激动前，不妨先深呼吸一下，让自己冷静下来，那么，便能远离冲动，抑制激动，才能驶向开心的彼岸。

有一天，小林和老公去购物，走进一家裤行。

她走近一个售货员问道：“有靴裤吗？”这个售货员本来低着头，瞟了小林一眼，不耐烦地说：“长靴还是短靴？”小林说：“长靴。”“中间一排。”小林看了看，看中一条绒布料的，就伸手去拿，从背后传来了叫喊声："别拽别拽。"小林就停了下来，那个售货员给另一位顾客拿裤子，并牢骚满腹："烦死我了。"随后鼻子不是鼻子，脸不是脸地对小林说："哪条？"一见那架势，小林着实有点生气了，但她深呼吸了一下，还是忍住了，不值得计较。于是她不买了。她迅速走向门口，丈夫正在那等她。正好，店主人也在门口，看见了刚才发生的事，找了另一个售货员，要为小林服务，这个服务员说："你可真是海量啊，一般去她那买衣服的人，没有不和她吵架的，你的修养可真是少见。"小林一听这话，倒也挺开心。

小林面对这样的售货员，没有和她理论，而是先深吸了一口气，调整了自己的情绪，然后离开了，她获得了别人对她修养的肯定。这就是一种自控能力。其实，本应该如此，何必生气呢？如果和她斤斤计较，只会徒增烦恼。

其实，无论遇到什么情况，激动都会使人们做出失去理智的事，它给人带来的负面影响可能远远大于我们的想象，会给我们的生活带来深远的影响。

人们在遇到一些或悲或喜的事情时，都会激动，并且很难一下子冷静下来，所以当你察觉到自己的情绪非常激动，眼看控制不住时，一定要用及时转移注意力等方法自我放松，鼓励自己克制冲动的情绪，对此，我们可以尝试以下让自己平静下来的方法：

首先，放慢语速，调整心情。

如果你在说话，你可以试着让自己的呼吸均匀下来，然后作自我暗示："放松，冷静。"如果你的情绪很激动，那么，你不妨先闭上眼睛，然后想想让自己高兴的其他事情，并尝试着站在其他人的角度审视自己的行为，慢慢地你就能冷静下来了。

你也可以尝试一下"数数法"。不过这里的数数，并不能按照常规数字顺序，因为这样做并不会启动我们的理性程序，而应该打乱顺序，比如，1、4、7、10……，这样一来，你的理性思考能力就可渐渐恢复了。

描述法或许也能帮助到你。比如，你可以这样描述，这个茶杯是黄色的……他穿的毛衣是黑色的……”，数十至十二项物体的颜色，之后你会发现自己冷静多了。

其次，理智思考，替换非理性的“自发性念头”。

你要明白的一点是，真正让你产生不良情绪的，是我们的想法，而不是别人的行为。换句话说，不是发生了什么事，而是我们如何解释事件，才会决定产生的情绪。

例如，你可以告诉自己：“我知道我的能力是极佳的，不会因为你一句话而影响我！”这样自我暗示，愤怒自然就无处可生，而会被其他情绪所替代了。

最后，你可以使用建设性的内心对话。

既然想法是导致情绪的主因，客易动怒的人就应该加强内心的想法，准备一些建设性的念头以备不时之需。

例如，你可以对自己说，“不论如何，我都要平静地说，慢慢地说。”“我才不会生气，生气就等于暴露了自己。”等。

最后还有一点，就是在我们控制住冲动的情绪后，还要重新思考，努力打开心结，为什么会有冲动的情绪，为什么自己不能从一开始就看开点，为什么不能很好地控制情绪，这样才能从源头遏制冲动。

总之，遇事先告诉自己要三思而后行，这是一种有效的转移激动情绪的方法，你应反复告诉自己，千万别立刻发泄，否则就会“伤”了自己，也会伤害他人。

生活中令我们激动的事情实在太多了，这无可厚非，但我们必须要做到自控，最有效的做法就是先让自己放慢速度，而不是给自己加速（比如应激反应）。“三思而后行”反应就是让你慢下来。

锻炼意志力，消除懒散和惰性

我们都知道，意志力被认为是一个人心理素质优劣、心理健康与否的衡量标准之一，也是人生未来成功的关键因素之一。而自控力是意志力的一个重要方面，生活中的每个人，我们在追逐人生目标的过程中，都有必要在自控力这一方面训练自己，它不仅能对当下我们的性格品质的形成有帮助，而且对今后的人生道路也有很大的影响。

韩愈自幼父母双亡，是哥哥嫂嫂把他抚养成人，因此，他比一般的孩子更成熟、更努力。从七岁开始，他便出口成章。后来，哥哥因为官场受牵连，被贬岭南。他只好和哥哥嫂嫂一起迁往岭南生活，又过了几年，哥哥又死了，他跟着嫂子带着哥哥的灵柩从岭南回到中原。那时，兵荒马乱，只得半路停在宣州（今安徽宣城）。可以说韩愈命途坎坷，历尽艰苦。

尽管生世如此凄苦，韩愈并没有被打垮，反而更激发了他对学习的热情。后来，韩愈在《进学解》一文中，曾借学生的口气说出他在治学方面所下的功夫："焚膏油以继晷，恒兀兀以穷年"。这句话的含义是，白天需要苦读，即使到了夜里，还是会点煤油灯继续用功，努力不懈。正是靠着这样的努力，韩愈学问精湛，尤其是散文写得气势磅礴，文才斐然，成为"唐宋八大家"之一的大文豪。

韩愈的一生坎坎坷坷，但勤奋的他还是最终取得了文学上的辉煌。人的本性中，有很多消极的部分，其中就有惰性，而无疑，懒惰是成功的阻碍。而克服惰性，你就需要自制。反之，如果一个人自认为自己是聪明的就不继续学习，那么，他就无法使自己适应急剧变化的时代，就会有被淘汰的危险。

南北朝时，有一位名叫江淹的人，他是当时有名的文学家。江淹年轻的时候很有才气，会写文章也能作画。可是当他年老的时候，总是拿着笔，思考了半天，也写不出任何东西。因此，当时人们谣传说：有一天，江淹在凉亭里睡觉，做了一个梦。梦中有一个叫郭璞的人对他说："我有一支笔放在你那里已经很多年了，现在应该是还给我的时候了。"江淹摸了摸怀里，果然掏出一支五色笔来，于是他就把笔还给郭璞。从此以后，江淹就再也写不出美妙的文章了。因此，人们都说江郎的才华已经用尽了。

当然，我们需要控制的不仅仅是惰性，还有诱惑、贪婪、自私等，那么，我们该如何增强自己的自制力呢？为此，我们不妨从以下几个方面训练自己：

1.充分预测困难，做好准备

无论做什么事情，都需要专注、勇敢、拼搏等，但在朝着这个目标去做的过程中，会有很多困难接踵而至。如果你在做事之初没有准备好，那么这样的突袭会很容易使你的意志溃不成军。所以在做每件事情之前，你要充分预测可能遇到的阻碍和诱惑，并为之做好准备，想到应对的办法。

2.全局思考

通常当我们想去做一些不必要的事情寻求快乐的时候，为了让自己心安理得，我们会给自己找一些借口，比如郁闷、没心情学习等，这些借口大部分都是过分强调即时性，实际上我们是有意识地过分夸大了这些看似紧急但毫无意义的事情。这时我们可以微笑着问自己："是不是借口？"然后我们从全局来考虑：我们是不是追求远大的目标，长久的快乐？我们的人生目标难道是看更多的精彩节目？这些即时的东西对我们有什么实质帮助？相比学习，如果去贪图眼前的小快乐，自己将会损失那个远处的大快乐，值不值？权衡之下，你会做出明智的决定。

3.自我暗示

当自己学了一会儿就感到静不下心时，闭上眼睛，调整呼吸，然后有意识地把自己学习一段时间后产生的厌倦情绪忘掉，暗示自己其实是刚刚要开始学习，然后做出奋斗的表情开始继续学习。

4.多分析结果

你不妨也学习那些成功人士思考问题的方式，让自己的心静下来，多分析分析事情的前因后果：如果多花些时间学习，会取得什么样的结果；如果贪玩，把时间花在上网、玩游戏、吃喝玩乐上，又会有什么样的结果。关于这些问题的比较，其实我们可以列一个表，在表里我们填下现在忍耐吃苦的话，将来会获得什么快乐；现在就急于求乐的话，将来会承受什么痛苦。比较之下，你就能看到事情的不同面和不同结果，自然也就知道当下的自己该做什么了。

5.给自己找一个学习的榜样

这种方法，需要你首先选定几个你认为已经很成功的人，比如比尔·盖茨、戴尔·卡耐基、松下幸之助、李嘉诚、李政道……当然，你也可以选择一个你认为自制力很好的人，了解一下他们是怎么勤奋工作学习的。有了这样的行为样本，你就会想到那些人正在干什么，你也就可以自觉取舍了。

6.行为惯性法

比如你可以给自己划定一个比较容易拿得出的固定的时间，规定在这个固定的时间内，只能做哪些事情。例如，每天晚上十一点（睡觉前），喝一杯牛奶，这是很容易做到的，你的头脑会渐渐地变得愿意执行任务。在习惯之后，你再逐步加入一些难度大的任务，但一切形成习惯之后，自制力也就随之形成了。

自制力的获得不是一蹴而就的，需要我们在日常生活中不断“修心”，只有训练出自制的心，才能有效地控制自身，才能驾驭自我，最终驾驭自己的人生。

第08章

抵御外在诱惑：控制住对美食的贪欲

抵御美味的诱惑是内心强大的第一步

中国人常说："民以食为天。"中国是饮食文化很悠久的国度，人们讲究吃、爱吃，在中华大地上，充满了各种各样的美味。我们从不否认食物对人的健康的重要性，"人是铁饭是钢"，食物能为我们的身体提供能量，我们只有在保证身体能量充足的情况下，才能进行正常的工作和学习，但对于食物，我们绝不能毫无抵抗力，事实上，抵御美味的诱惑是自控的第一步，一个人连自己的嘴都控制不住，又怎么能控制自己的行为，最终掌控自己的人生呢？

凯瑟琳是个典型的女强人，从大学毕业到现在已经有八年时间，在这八年时间内，她为公司带来很多利润，如今的她已经是这家公司的副总了，但令她烦恼的是，和她的工作成绩一样，她的体重也是"蒸蒸日上"。这主要还是因为她的饮食习惯导致的。

在曾经的几年时间内，她最大的爱好就是在办公室的抽屉里放上巧克力，她每隔半小时就得吃一块，甚至一次吃上五六块，她很喜欢巧克力在嘴里融化的感觉。只要能吃上一口巧克力，她即使再累，也会立即有了精神。

但如今的凯瑟琳却不知如何是好，她知道问题出现在这里，但怎么才能解决呢？

凯瑟琳是个很有意志力的女人，她曾在上学时就在半个月内把成绩从全班第十名提升到全年级第三名，她曾经为了在校运动会上拿到八百米赛跑的第一名每天早上五点起来锻炼；曾经在和一个客户打交道的过程中，她被客户拒绝了十几次却依然没有放弃……想到这些，凯瑟琳告诉自己，难道区区几块巧克力就能打倒自己？

说做就做，她从自己的抽屉里撤掉了这些巧克力，把它们分给了办公室的那些下属们，当然，她常常会怀念那些巧克力的味道，她也完全可以去他们的桌子上拿一块尝尝，因为他们并不知道副总把这些巧克力分给自己的真实原因。曾经一段时间内，巧克力的压力一直沉甸甸地挂在她心头。但她问自己，如果自己偷偷吃了一块，那么，我会找借口鬼鬼祟祟吞下另一块吗？这种压力如此之大，以至于凯瑟琳宁愿给10米开外的下属打电话或发邮件，也不愿意走过去面对人家桌上诱人的巧克力。

但就在三周以后，凯瑟琳发现，自己完全能控制住自己对巧克力的欲望了。她甚至能弯下腰去闻下属桌上巧克力的香味而不去吃。

凯瑟琳的很多姐妹都感到诧异，她们依然拿着自己心爱的奶昔、薯条，慨叹自己为什么意志力如此薄弱。相比之下，凯瑟琳也无法想象自己竟有这么坚强的意志。不过无论什么原因，她做到了，现在，她又看到了自己昔日苗条的身材，现在的她也更有自信了。

她不知道这是因为她克制了自己的欲望，还是因为她想到了那些随身携带巧克力而体重始终无法下降的姐妹们。但无论如何，她都感到很高兴。

案例中的凯瑟琳是个自控力很强的女人，在意识到巧克力对自己身体的危害之后，她能果断“戒掉”。这对于很多无法抵抗住美食诱惑的人来说是一个最好的激励。

的确，美味是一种挑战——挑战人类的勇气也挑战人类的理智。我们常常以尝遍天下美食为自豪，但我们为了口腹之欲所付出的代价却仍然没有让我们明白一个浅显的道理：对于美食的诱惑，我们同样应该学会抵抗。

在我们需要抵抗的诱惑中，有名利地位的诱惑，在我们需要控制的欲望中，有对物质的欲望，有对精神的欲望，但无论如何，我们首先要做到的是抵御美食的诱惑，它是自控的第一步。因为口腹之欲是人的最基本欲望，如果连最基本的欲望都无法控制的话，在其他更高层次的欲望面前，我们又怎么能抵挡得住呢？我们不难发现，那些失败者，都是自控力差的人，而他们最大的特点之一就是对食物不加节制，他们控制不住自己的嘴，自然也无法控制自己的意志，更不可能取得辉煌的成就。

从另外一个方面看，一个人对食欲没有自控力，如禁不起美味佳肴的诱惑，暴饮暴食，大吃大喝，就会营养过剩，造成肥胖，引发高血压、脂肪肝等各种疾病；酷嗜烟、酒，经常抽得昏天地暗，喝得烂醉如泥，这些行为都会严重损害身体健康，从根本上削弱你追求成功和幸福的资本。

一个人要追求成功和幸福，就需要有较强的自控力，这是毋庸置疑的，自控力是成功和幸福的助力和保障，同时也是一个人性格坚强与否的重要标志。自控力体现在很多方面，但抵御美食的诱惑是自控的第一步，一个能控制自己口腹之欲的人才谈得上控制自己的思想和行为，才能获得真正幸福的人生。

身心健康，从拒绝第二块糖开始

在物质财富极大丰富、文化多元的现代社会，各种各样的诱惑也开始充斥在人们周围，人们很容易在追求物质的感官享受中逐渐迷失了自我，像一艘失去航向和动力的大船，或远离航道，或停滞不前。事过之后才清醒，却只有追悔莫及，抱憾终生。在众多诱惑之中，我们最先应该控制的是美食，“民以食为天”，口腹之欲也是最基本的欲望。生活中，人们常说：“要想抓住一个男人的心，先要抓住一个男人的胃”，这句话足见美食对人们的诱惑。但事实上，能否控制自己的欲望，管住自己的嘴是第一步。

你是否曾经有这样的经历：你的体重已经明显超标，但看到广告单上的美食宣传，你还是忍不住尝尝？你是否是一个天天喊着减肥口号而从未实施的人呢？你是不是将自己的格言定位："不吃饱饭，哪来的力气减肥呢"……一个连自己的嘴都把控不了的人，又怎能成就大事呢？

美国心理学家沃尔特·米切尔曾做过这么一项实验。

一天，他来到一所幼儿园，挑选出了某个班级的所有四岁的小朋友，然后，发给他们每个人一块软糖，并告诉他们，他有点事，大约20分钟后就会回来，如果谁能在他回来前还保存着这块软糖，那么，谁就能获得第二块软糖，而假若谁做不到，自然就没有。

结果，如沃尔特·米切尔所预料的，有些孩子很馋，就吃掉了这块糖，而有的孩子为了得到第二块糖，便坚持了20分钟。为此，沃尔特·米切尔记下了这些孩子的名字，并对他们做了长期的跟踪调查。

等到他们高中毕业后，米切尔发现，原先那些坚持了20分钟的孩子大多有这样一些更为优秀的表现：他们有很强的自信心，更独立、积极、可靠，能够很好地应对挫折，遇到困难不会手足无措和退缩；而那些没能坚持的孩子长大后大部分都表现出退缩羞怯、经不起挫折失败、好妒嫉、脾气急躁。更令人吃惊的是，他们在学习成绩上也有显著的差异，前一类孩子的学习成绩远远要好于后一种孩子的成绩！

这个实验的最终结果表明，孩子的自控能力，在一定程度上决定了他人生的未来。它同样也告诉生活中的我们，一个人的自控心理和自控力如何，直接关系到他在人生路上走得是否平衡，那些有所成就者的一个必备的特质就是自控力强。

那么，生活中的人们，在数量不同的"糖"面前，你是否能看到背后的区别呢？假设现在有三块糖，你大可以一吃为快，将三块糖全部吃完，但这就意味着接下来你没有了糖，而那些聪明的人会选择一天吃一块，那么接下来的两天，他都能尝到"甜头"了，并且这是一种健康的饮食方法。研究表明，对于相同的食物，多分几次食用比一次性食用效果更好。在少吃多餐的情况下，所吃食物不会给肠胃造成负担，食物中的能量也能很快被身体吸收。而最为重要的是，后者训练了自己的自控力，一个能控制自己对美食的欲望的人才能谈得上控制自己的更高层次的欲望。我们再来看下面一个故事：

这天，妈妈给了洋洋一块糖，然后她把另一块糖也放到洋洋面前，说："洋洋，现在有两块糖，你今天只能吃一块，不过你要实在忍不住了，还可以吃第二块，但是明天的糖就没有了。如果你不吃，明天妈妈会再给你两块。"

洋洋很聪明，她歪着脑袋天真地问妈妈："那我今天都不吃，明天能给我三块吗？"

妈妈很吃惊小小的洋洋居然这么问，不过她庆幸的是，洋洋才四岁，就已经有了这么强的自控能力了，于是，妈妈高兴地说："当然可以啊！"

一个小小的孩子都能有这样的自控能力，那作为成人的我们呢？其实，生活中，我们的周围何处不存在"糖"的诱惑呢？在众多美食面前，你是浅尝辄止，进而让明天和后天都有"糖"吃，还是一次性吃完所有的美食呢？其实，我们也能看到这两种选择会带来的不同结果，那么，我们就应该做出明智的选择。

生活中的任何一个人，要想让自己具备超强的自控力，首先就要训练自己的初级自控力——拒绝美食的诱惑，为此，你必须要看到的是"一块糖"和"三块糖"的区别，暴饮暴食与不加节制地饮食不但会让你的身材和健康逐渐偏离正常的轨道，更重要的是，这表明你对自己的把控能力正在逐渐消减！

不正确的节食是减肥最大的敌人

不难发现，我们生活的周围，肥胖者越来越多。那为什么会有这样的现象呢？有关研究表明，不良的饮食习惯是造成肥胖的重要原因，其中，重要的原因之一就是饮食无节制、吃的太多，除了一日三餐之外，大部分人还有吃零食的习惯，实际上，这些零食中都含有很高的热量和脂肪，也有人喜欢在睡前吃东西，然而这些糖分和营养不能及时消耗掉，容易积存在体内转化成脂肪，从而导致肥胖。

找到这一原因后，很多人开始尝试减肥，他们认为，只要节食就能取得一定的效果，而实际情况似乎并不是如此。我们只有找到肥胖者之所以肥胖的内在原因，才能找到真正的解决方法。20世纪60年代，研究者针对肥胖者和体重正常者做了一个实验。

研究者提供了两种不同的花生，一种是带壳的，一种是不带壳的。体重正常的人吃的量并没有因花生的种类而发生改变，但对于那些体重肥胖的人，他们吃的去壳的花生远远多于带壳的花生。

因此他们从不带壳的花生那里收到的信号是："来吃啊。"并且，这一信号远比那些带壳的花生所发出的更强烈。

从这个实验中，研究者刚开始假设的是，肥胖者体重超标的原因是：他们忽视了身体内部"已经吃饱了"的信号。这个解释表面上看实在是很合理，但后来研究者却意识到自己混淆了原因和结果，是的，肥胖者忽视内部线索，但是这并不是他们变胖的原因。

那他们肥胖的真实原因是什么呢？

真相是：他们很有可能节食，而节食的结果是他们开始依赖外部线索，而不是内部的。节食者的基本习惯是：他们根据计划吃东西，而不是内部需要。也就是说，一般来说，节食者很多时候是处于饥饿的状态的。更准确地说，节食意味着学会不在饿的时候吃，最好学会忽视饥饿感。当然，在你严格遵循规则的时候，你的规则就能帮你好好控制体重，但一旦你违反一次规则，你的违反行为就很难停下来。正因为如此，所以即使你已经吃了两个汉堡，你已经喝了一大杯奶昔，但你看到甜品时，你还是有无法阻止的欲望。

因此，如果你是个肥胖者，你希望能减肥，但节食对于你来说并不是什么好主意。

曾经在2007年，专家做过一次调查，调查结果表明，节食不仅对减轻体重或身体健康没有什么好处，而且被越来越多的证据证明有害身心。

我们的周围也不乏这样的事例：那些节食者并没有好好控制自己的体重，还使得体重反弹到减肥前的水平，甚至还增加不少。也曾经有很多研究结果显示：循环的节食会使得人的血压和胆固醇上升，会抑制人体的免疫系统，还会增加心脏病、中风、糖尿病和其他原因导致的死亡风险。如果你能回想起来，节食者还是很容易出轨的。

那么，人们为什么会产生节食能减肥的想法呢？

因人们的思维是一刀切的，他们认为，导致节食措施不起作用主要原因是，人们简单地认为不吃高热量食品最有效。事实上，这种思维导致了很多问题。人们在思维上越是抑制的东西，越是对我们有诱惑力量。

举个很简单的例子，如果你在家中放了一大杯冰激凌，然后你告诉你的孩子不许吃，那么，结果可能会令你失望。事实上，很多肥胖的女士无法抵制甜品的诱惑，她们不但无法真正戒掉甜食，反而会在节食后吃的更多，这种反弹在很大程度上是心理上的，而不是生理上的。你越是想避开某种食物，你的脑海里就越会充斥这种食物。

那么，可能你会产生疑问，难道就没有有效的减肥方法了吗？当然不是，合理和正确的饮食习惯便能帮助我们。

健康的饮食减肥的第一步就是建立健康的饮食方式。并不是挨饿，而是在保证必需营养的前提下尽量减少热量摄入，想尽一切办法“节源开流”。记住能量守恒定律，只要摄入能量低于身体的需要，就会动用身体里的储备，就能达到减肥的效果。

不管你的意志力如何，如果你在减肥，那么你就不要长时间坐在甜品桌旁边，也许你会告诉自己说“不可以”，但你可能真的告诉你自己，你会不自觉地将这种“不可以”变为“可以”，因为节食对于肥胖者来说是一项耗费意志力的活动，当他们的意志力变弱后，他们又碰到特别诱人的食物。为了继续抵制诱惑，他们需要补充损耗掉的意志力。但是，为了补充那个能量，他们需要让身体摄入葡萄糖。这就是营养学上的第22条军规。另外，你需要回避甜品车，或者，还有更好的办法，刚开始就避免节食。不要把意志力浪费在严格的节食上，要摄入足够的葡萄糖来保存意志力，把自制力用在更有希望的长期策略上。

另外，减肥并不是要你戒掉高热量食物，而是要尽量少吃、比如麦当劳、肯德基中的炸薯条、炸鸡、可口可乐等。这类食品的热量高、胆固醇高，吃太多不仅容易发胖，令你的减肥工作前功尽弃，还会让你的体重增加。

再者，在减肥这一问题上，我们完全没有必要认为它是一个痛苦的过程，而应该把节食看作是一段有趣的经历，这样你才更容易达到目标。

适当的运动也许也能帮助到你。因为将丰富多样的运动形式穿插结合在一起，可以在一定程度上克服枯燥感。运动的方式很多，有散步、速走、跑步、跳绳、打羽毛球、登山、游泳，你也可以在健身房实现这一目的。

的确，现实生活中，越来越多的人饱受肥胖的困扰，肥胖不仅影响体态形象，严重的还会有害健康，很多爱美者都想远离肥胖，然而却非易事。要想解决这一问题，我们首先要弄清楚肥胖的内在原因——节食，为此，我们有必要采取正确的减肥方式。

心理战胜嘴巴靠的是后天意志力

随着生活条件的改善，食欲横流，吃喝太多，长期摄入过多的动物脂肪、植物油和碳水化合物，超过肝脏的代谢能力，肝脏便被迫变成了“脂肪仓库”。很多人陷入了身体太肥胖的苦恼中，因此，管住自己的嘴很重要，当然，这考验的是我们的意志力。一个意志力坚强的人才能抵御住美食的诱惑。其实，我们也不难发现，在我们生活的周围，有不少减肥成功的人，他们为什么能做得到？也许就是因为他们能做到用心理战胜嘴巴吧。我们来听一下以下减肥成功者的心得：

“每次当我想吃巧克力的时候，我就告诉自己，如果我吃了第一块，那么，我绝对会接着吃下去，那么，我前期的努力不就白费了？”

“我减肥的动力是每天照镜子，看到镜子里胖胖的自己，我就有毅力了，我告诉自己，如果你想变美，你就必须要管住自己的嘴。”

“肥胖实在太让人苦恼了，一个胖子很多事情都做不了，每天走路都很吃力，我告诉自己，如果我能坚持下来，就能瘦下来，我一定会活出一个新的人生。”

“我减肥的最初的动力是因为一次逛街，那天，我试了件衣服，无奈，我太胖了，走出店的时候，我听到导购员在小声地议论：‘我们店还真没有她穿的号。’在那一刻，我受到了强烈的打击，我发誓一定要瘦下来。”

……

这就是意志力。的确，很多时候，在“吃”与“不吃”之间，人们常常陷入困境之中，他们制定了一定的饮食计划，“不吃”的话，实在又忍受不住美食的诱惑，“吃”会让他们破坏规则，甚至让自己的食欲一发不可收拾，他们会在心底产生一个声音：“去他的。”然后说:“开始大吃吧。”那些禁忌的甜食和高脂肪食品会变得特别难以抵制。这也是节食者的苦恼，自我控制会让他们消耗掉血液里的葡萄糖。如果你曾经也节食过，那么，你肯定有这种感受：你越是压制自己的吃的欲望，你越是摆脱不了对巧克力和冰激凌的强迫性渴望，这其实并不是一个人的心理因素问题，而是有生理基础的，因为身体本身也会觉得，它“知道”自己需要葡萄糖，它还“知道”吃甜食能迅速补充葡萄糖。

曾经有一项心理实验，被测试者是一群大学生，他们被要求自我控制，这项自我控制是与食物和节食没有半点关系的，但结果却表明，他们对甜食的渴望更加强烈了。

后来，研究者允许他们在实验间隙吃点甜食，结果研究者发现，这些曾自我控制的人吃了更多的甜食，而对于摆在现场的其他味道的食品，他们并没有多吃。

因此，从这个角度看，一个人若想管住自己的嘴巴并不是件容易的事，我们不仅需要战胜自己的心理，还需要尽量弱化自己身体的某些“知道”，当然这更需要我们的意志力，有了意志力，再加上一些策略，我们一定能成功减肥。

如果你对食物的渴望过于强烈，那么你可以使用以下几个策略。

首先，你可以使用延迟享乐策略。

现在，摆在你面前的一杯诱人的冰激凌，你很想吃，但可以吃点别的能量低的东西，比如生菜、水果等。

你之所以渴望这些能量高、糖分高的食品，是因为你在潜意识中告诉自己它能迅速帮助你补充能量，但实际上，其他食品，当然也包括那些健康食品同样能做到。

接下来，你要告诉自己，这杯冰激凌并不是你需要的，吃下它并没有什么好处。这样，你就完成了抵制美食诱惑的第一步。

其次，你应该尽量避免与那些对你产生诱惑的美食接触。

如果你的家在一家冰激凌店旁边，你是否会经常有意无意地买点冰激凌吃呢？肯定是，尽管你以前没有这一爱好。那些体重超标者对那些巧克力和冰激凌等甜食“又爱又恨”，也就是这个原因，他们每天都会闻到诱人的甜食的香味，但一旦吃了这些美食之后，他们又后悔不已。因此，如果你有意避开这些美食，那么你便能做到“清心寡欲”了。

再次，想象成功。

简单地说，如果你是个减肥者，那么你可以建立一个习惯，经常想想你达到理想体重时将会是什么样子，那时候的你应该是身材苗条的、有活力的、健康的、身轻如燕的。只要你能减肥成功，你就能好好地利用自己的天赋和才能，你可以背上行囊去游历祖国的大好河山而不会累得气喘吁吁。

当然，如果你发现那些甜点和高脂肪食品正在向你招手，那么你要进行积极的想象而不是消极的，你不要想你有可能经不住这些食物的引诱，而应该想想避开这种诱惑的方法。

你可以想象的是，此时的你身体健康、肠胃健康，你坐直了身体，然后对这些食品微笑着说："不用了，谢谢。我已经吃饱了。"

你还应想的是，一个连自己体重都控制不了的人还能做什么大事呢？如果你能减肥成功，你希望你的生活做出哪些调整呢？你希望实现怎样的事业？你又将会对其他的人和周围的世界做出怎样的贡献？试试把自己的这些想法写下来，即使它可能只有短短的一段话。把自己的想象变成文字可能会有助于你继续努力前进。想象成功往往会是实现成功的第一步！

最后，寻找精神力量。

肥胖确实会为现代社会爱美和爱面子的人带来一定的烦恼，但你不应该因此而丧失辨别能力，你也不应该把所有的精力放到所谓的减肥和节食上，如果你能抽出身来，将自己投入到大自然中，那么你会忘却美食的诱惑，你会感到前所未有的轻松。

你不必总是沉浸在饮食和运动中，也不要关注那些最新的时尚美食信息，不要让这些事情消耗掉你的注意力和时间。每天早上起来，你都要告诉自己，今天你要认真、健康地生活，你要对自己负责，闲暇时，不要总是约朋友去聚餐、吃饭。你可以多看看书，可以去看看话剧，可以到大自然中去，去享受一年中每个季节的不同景致的乐趣。

生命是短暂的，我们每个人都有太多的事需要做，我们需要健康和轻盈的身体，因此，我们不要总是把精力放到口腹之欲上，但抵制对美食的诱惑、管住自己的嘴巴，也并不是件容易的事，需要我们调动自己的意志力、掌握一些心理策略。总之，做到心理战胜嘴巴，我们就实现了自控的第一步。

第09章

对抗外界干扰：培养自主学习习惯

做到“充耳不闻”，训练专注能力

人生在世，要有一番成就，就必须要学习，学习是获取知识和能力的唯一途径，这是毋庸置疑的。然而，学习必须要专注，古人云：“两耳不闻窗外事，一心只读圣贤书”，这就是一种专注。我们发现，那些攀岩成功的人都有个共同特征，那就是他们不会三心二意，也不会向下看，他们会一直努力地攀登，这样尽管脚下是万丈悬崖，他们也不会害怕。同样，我们也应该从中有所启示，在学习时，我们都要尽量做到“充耳不闻”，才能训练自己的专注能力，才能一步一步进行自己的学习计划。我们先来看下面一个故事：

孔子带领学生去楚国采风。他们一行从树林中走出来，看见一位驼背翁正在捕蝉，他拿着竹竿粘捕树上的蝉，就像在地上拾取东西一样自如。

“老先生捕蝉的技术真高超。”孔子恭敬地对老翁表示称赞后问：“您对捕蝉想必是有什么妙法吧？”

“方法肯定是有的，我练捕蝉五六个月后，在竿上垒放两粒粘丸而不掉下，蝉便很少有逃脱的。如垒三粒粘丸仍不落地，蝉十有八九会捕住；如能将五粒粘丸垒在竹竿上，捕蝉就会像在地上拾东西一样简单容易了。”捕蝉翁说到此处，捋捋胡须，严肃地对孔子的学生们传授经验。

他说：“捕蝉首先要学练站功和臂力。捕蝉时身体定在那里，要像竖立的树桩那样纹丝不动；竹竿从胳膊上伸出去，要像控制树枝一样不颤抖。另外，注意力高度集中，无论天大地广，万物繁多，在我心里只有蝉的翅膀，我专心致志，神情专一。精神到了这番境界，捕起蝉来，那还能不手到擒来，得心应手么？”大家听完驼背老人捕蝉的经验之谈，无不感慨万分。

孔子对身边的弟子深有感触地说：“神情专注，专心致志，才能出神入化、得心应手。捕蝉老翁讲的可是做人办事的大道理啊！”

驼背翁捕蝉的故事向我们昭示了一个真理：凡事专心致志、心无旁骛，才能出色地完成，把工作做好做到位，取得成功。

事实上，学习又何尝不是如此呢？学习最要不得的就是三心二意。戴尔·卡耐基曾经根据很多年轻人失败的教训得出一个结论：“一些年轻人失败的一个根本原因，就是精力分散，做不到专注”。托马斯·爱迪生曾说过：“成功中天分所占的比例不过只有1%，剩下的99%都是勤奋和汗水。”这句话告诉我们，学习需要专注，不腻烦、不焦躁、一门心思学习才能取得好的效果。

的确，成功者之所以成功，就是因为他们懂得学习要专注的道理，在专注的过程中，他们经过了沮丧和危险的磨炼，并造就了他们天才的大脑。在不断取得学习成果的过程中，他们产生了活力和不屈不挠的奋斗意志。因此，意志力可以定义为一个人性格特征中的核心力量，概而言之，意志力就是人本身。它是人的行动的驱动器，是人的各种努力的灵魂。学习过程中，我们也要运用意志力的力量，自控才能获得自主学习的能力，做到这一点，你也能获得卓越的才能。

18世纪早期就读于牛津大学的圣·里奥纳多在一次给校友福韦尔·柏克斯顿爵士的信中谈到他的学习方法，并解释自己成功的秘密。他说：“开始学法律时，我决心吸收每一点获取的知识，并使之同化为自己的一部分。在一件事没有充分了解清楚之前，我绝不会开始学习另一件事情。我的许多竞争对手在一天内读的东西我得花一星期时间才能读完。而1年后，这些东西，我依然记忆犹新，但是他们，却早已忘得一干二净了。”

这就是专注的力量，如果你妄图在学习的时候还能玩好，那么你的学习效果只能事倍功半。然而，我们就是发现，生活中，一些人在学习时就是缺乏一定的自控力，他们做不到专心致志、全力以赴，而是心不在焉，他们常慨叹自己学习效率低，其实，他们忽视了这一原因。

同样，在中国，画坛宗师齐白石也是个做事专注的人，除了画画以外，在雕刻艺术上的精益求精也体现了他这一品质。

齐老先生不仅擅长书画，还对篆刻有极高的造诣，但他也并非天生具备这门艺术，他也经过了非常刻苦的磨炼和不懈的努力，才把篆刻艺术练就到出神入化的境界。

年轻时候的齐白石就特别喜爱篆刻，但他总是对自己的篆刻技术不满意。他向一位老篆刻艺人虚心求教，老篆刻家对他说："你去挑一担础石回家，要刻了磨，磨了刻，等到这一担石头都变成了泥浆，那时你的印就刻好了"。

于是，齐白石就按照老篆刻师的意思做了。他挑了一担础石来，一边刻，一边磨，一边拿古代篆刻艺术品来对照琢磨，就这样一直夜以继日地刻着。刻了磨平，磨平了再刻。手上不知起了多少个血泡，日复一日，年复一年，础石越来越少，地上淤积的泥浆也越来越厚。最后，一担础石终于统统都被"化石为泥"了。

这坚硬的础石不仅磨砺了齐白石的意志，而且使他的篆刻艺术也在磨炼中不断长进，他刻的印雄健、洗练、独树一帜，达到了炉火纯青的境界。

在学习中，我们需要这样训练自己的专注能力：

1.为自己树立一个学习榜样

比如，爱迪生就是一个专注做事的代表：

他曾经长时间专注于一项发明。对此，一位记者不解地问："爱迪生先生，到目前为止，你已经失败了一万次了，您是怎么想的？"

爱迪生回答说："年轻人，我不得不更正一下你的观点，我并不是失败了一万次，而是发现了一万种行不通的方法。"

在发明电灯时，他也尝试了一万四千种方法，尽管这些方法一直行不通，但他没有放弃，而是一直做下去，直到发现了一种可行的方法为止。

2.学习时不要做其他的事

我们发现，生活中，一些人无论是不是在学习，都把电视开着，或者边玩游戏边学习。试想，这样怎么能聚精会神呢？这样自然不能集中精力去学习，久而久之，你便养成了一心二用的坏习惯。

为此，你必须克服这一缺点，学习时就认真学习，玩乐时就痛快玩，经过一段时间，你会发现，自己无论做什么事，都专注多了，而最重要的是，效率也提高了很多。

我们每个人都需要记住，专注是一种良好的助人成功的品质，学习更是如此，从现在开始培养自己的这种品质，你也会收获成功。

戒除浮躁，让自己安静下来

我们都知道，学习是一个在新的领域中的不断探求、不断进步的过程，它要求要有严密的思维，踏实的行动，吃苦的精神，顽强的毅力。而浮躁心态是学习的大敌，是学习失败者的亲密朋友。清华大学国学大师陈寅恪，在一次演讲中送给青年人的一句话：“心有浮躁，犹草置风中，欲定不定。”他告诫学生要自定心神，集中精力，清除浮躁，专注功课。

“世界上怕就怕认真二字。”说的就是如果我们能安下心来认真做一件事情，就没有做不好的。然而，真正让我们浮躁的，并不一定是外在世界的动静，还有可能是我们的“心中事”。无法让内心沉静下来是很多人学不好的主要原因之一。我们先来看下面一个案例：

周末这天，宁宁在房间做作业，也不知道为什么，他总是写不进去，甚至看到书本上的字就烦，刚好，这会儿又是邻居家小雅练钢琴的时间，他甚至能感觉到小雅敲击琴键的声音，他还听到了楼底下大妈、阿姨们说话的声音，这些都充斥在他的耳朵里，他再也写不进去了。

这会儿，爸爸敲了敲门，他走了进来，看到宁宁烦躁不安的样子，他问："孩子，怎么了？"

"爸，外面太吵了，我根本写不进去作业。"宁宁说。

"是吗？其实每个周末外面都会有这样的动静，甚至有时候小区有活动的时候比今天还热闹，那时候，你都不能安安静静地学习吗？"

"您说的也是，那我今天是怎么了呢？"

"其实，你学不进去是因为心不静，学习最重要的是沉下心来，可能是马上要中考了，你害怕自己考不好，我看你这几天睡也睡不好，吃也吃不下，想必都是因为这点原因吧。放下考试的压力，也许你就能心平气和了。"

"爸爸你说得对，但我该怎么减压呢？"

"你的压力就是中考这点事，其实，我和你妈妈从来没有要求你要考什么重点高中，你不需要紧张，早上我还说带你去骑行，去郊区的农庄走走，你说要做作业，我就没有继续说了。今天说好了，下周我带你去逛街，你不是看上了一双帆布鞋了，买完东西我们再去看场电影，好不好？"

"嗯，听爸爸的……"

看到宁宁舒心地笑了笑，爸爸终于放心了。

故事中的宁宁为什么在学习时总是静不下心来？是因为外在环境太吵闹吗？当然不是，正如他父亲所说的，环境还是那个环境，只是心中有事，才内心烦躁。

的确，学习是一项需要动脑筋的学习活动，它要求我们做到集中精力、全身心地投入，要做到"身心合一"，来不得半点虚假，不能有任何私心杂念。然而，在实际的过程中，一些人总是带着心事学习，那么，正在学习的只是一具"躯壳"而已，他们的学习效率一般是低下的。比如，我们拿课堂学习为例，那些学习成绩好的学生多半都是心无旁骛、首脑并用的，而那些学习成绩差的学生，一般都是因为杂念太多，精力一点都不集中。他们上课思想“开小差”，目光呆滞，人在教室而心早已飞到教室外面去了，想着外面的精彩世界；也有一些学生上课时一边想着要听讲，一边又想着和周围的同学讲“小话”；有些学生一边记笔记，一边抄写着正在看的口袋书……诸如此类，不可胜数。

其实，我们不难想象，这些学生一个个“身在曹营心在汉”，就凭这种心态怎能学习好？其实，荀子早就在《劝学》篇里说过，“蚓无爪牙之利，筋骨之强”却能“上食埃土，下饮黄泉”是因为用心专一啊；“蟹六跪而二螯，非蛇蟮之穴无可寄托”，是因为用心浮躁。任何一种学习，都必须做到全神贯注，千万不能一心二用！

那么，在学习时，我们该如何排除内心干扰而赶走“心中事”呢？

1.尝试着让自己安静下来

如果你的心无法安静的话，你可以尝试着先换一下环境，然后闭上双眼，深呼吸，慢慢地放松，多尝试几次会好点。

2.找到产生杂念的原因

如果你因为想一个问题想得太过于复杂的话，可以尝试着问自己，自己想这个问题究竟是为什么，什么让自己变得这样，多问几次后，自己就可以了解自己的困惑，从而从心底去除这个杂念。

3.要学会在强烈的吵闹声、人多的环境中专心学习的本领

曾有伟大人物介绍过他们在大街十字路口专心看书的本领。因为环境在一定程度上是自己无法限制的，只有依靠自己的高度自制能力，才能提高抗干扰能力。

4.养成良好的睡眠习惯

如果你是“夜猫子”型的，奉劝你学学“百灵鸟”，按时睡觉按时起

床，养足精神，提高白天的学习效率。

5.学会自我减压

我们要学会自我减压，别把成绩的好坏看得太重。一分耕耘，一分收获，只要我们平日努力了，付出了，必然会有好的回报，又何必让忧虑占据心头，去自寻烦恼呢？

6.学会做些放松训练

舒适地坐在椅子上或躺在床上，然后向身体的各部位传递休息的信息。先从左脚开始，使脚部肌肉绷紧，然后松弛，同时暗示它休息，随后命令脚脖子、小腿、膝盖、大腿，一直到躯干部休息，之后，再从脚到躯干，然后从左右手放松到躯干。这时，再从躯干开始到颈部、到头部、脸部全部放松。这种放松训练的技术，需要反复练习才能较好地掌握，而一旦你掌握了这种技术，会使你在短短的几分钟内，达到轻松、平静的状态。

总之，专注，也就是保持良好的注意力，是大脑进行感知、记忆、思维等认识活动的基本条件。在我们的学习过程中，注意力是打开我们心灵的门户，而且是唯一的门户。门开得越大，我们学到的东西就越多。而一旦注意力涣散了或无法集中，心灵的门户就关闭了，一切有用的知识信息都无法进入。当你因注意力无法集中而影响学习，备感苦恼时，相信以上几点方法能帮助到我们。

我们学习要充分发挥自己的主观能动性，排除各种干扰，摆正学习心态，使自己心底单一，才能无坚不摧，才能把我们的全部精力投入到学习活动中去，才能专心致志地进行学习。

学习效果与自控能力成正比

生活中，我们不难发现一个现象，两个年龄相仿的孩子，学习着相同的内容，学习成绩好的一定是那个能自律的孩子，他能做到对抗外界与内心干扰，他的自主学习能力较强，不需要家长和老师的督促。事实上，学习能力与自控能力是成正比的。在宾夕法尼亚大学一系列研究中，研究人员发现，坚忍不拔的人更容易在学业、工作及其他方面获得成功，这也许是因为他们富有激情，忘我投入，才可以克服漫长道路上不可避免的绊脚石。西奥多·罗斯福也曾说过："有一种品质可以使一个人在碌碌无为的平庸之辈中脱颖而出，这个品质不是天资，不是教育，也不是智商，而是自律。有了自律，一切皆有可能；没有自律，则连最简单的目标都显得遥不可及。"任何一个人的才能，都不是凭空获得的，学习是唯一的途径。学习的过程，就是一个不断克服自我，控制自我的过程，只有首先战胜自己，摒除内在和外在的干扰，才能以全部的激情投入到对知识的汲取中。

17岁的列宁，满怀理想考入了喀山大学。在接受共产主义的先进思想后，列宁的世界观和人生观都发生了彻底的改变。他不仅努力学习专业知识，而且积极投入了实现共产主义的政治活动中。但不久，他就被学校开除了。

"你们可以开除我的学籍，但开除不了我求知的心，我要在校外上大学！"就这样，列宁抱着这个坚定的信念，开始了刻苦自学的历程。

他搬到喀山市近郊的一个小村庄。这里到处是茂密的森林，环境十分幽静。每天天刚蒙蒙亮，列宁就从茅屋里走出来，开始了一天紧张的读书生活。

他时而大声朗诵，时而轻声默读，时而奋笔疾书。直到太阳落山，他才踱回屋子里。很快，茅屋的窗下，又出现了列宁挑灯夜读的身影。一天天，一月月，他总是这样紧张有序地学习着。

一年过去了，他自学完了大学的全部课程。后来他以校外生的资格参加了彼得堡大学的毕业考试。出乎所有人的意料，他在所有考生中名列第一，获得了甲等毕业证书。

列宁并不是天才，但却以饱满的热情投入到各种学习中，而最重要的是，在学习时，他能做到潜心，不为外界干扰，正是这种专注，他自学了大学的全部课程，从而为其后来投入共产主义事业奠定基础。可见，任何知识的获得，都必须要在自控的前提下完成。

马丁·赛李曼说过："如果没有坚忍不拔的精神，除非你是天才，否则是不会胜出的。"生活中的我们，也要把列宁当成自己的学习榜样，和他一样，专注、持续地学习，你一定能取得一定的成果。

自控，又称意志力，是在实现目标的艰辛路途上不可或缺的品质，其他必需的品质还有努力、决心和毅力。心理学家称这些品质为"坚毅"。坚毅比意志力含义更深远，所以意志力是坚毅的一部分。除此之外，在学习中，意志力也是极为重要的。我们每个人都有一定的学习计划和学习目标，但很少人把自己的学习计划坚持下去。通常是刚开始的时候，大家都能坚持学习，但就在坚持了一段时间后，在遇到一些外在和内在的干扰，比如吃喝玩乐的诱惑、内心的焦躁情绪后，然后就会每天变成二三天或更长的时间，慢慢会发现自己已经放弃自己的学习计划。你会发现这种事情每个人都会遇到，而放弃的原因总是多种多样，就如人们曾经说过的："如果你不想做一件事，你一定会找到一个借口"。其实，坚持的这个过程就是自控的过程，能坚持到最后的，一定是获得极强的学习能力的人。

那么，在学习过程中，我们该如何实现自控呢?

1.端正学习目的

你为什么而学习?是父母强逼你学习，还是你有着伟大的梦想?如果你总是认为学习是一件无奈的事，那你又怎么可能投入全部的热情学习呢?因此，你不妨重新考虑一下自己学习的目的，真的是为了他人吗?

2.学会排除各种干扰，消除各种杂念

一心一意想学习，全心全意谋进步，也就是心要静，如果你整天想着："该买件新衣服了。""他为什么不理我了，是嫌我又多长个青春痘吗"?

“她为什么把我甩了，是不是喜新厌旧了”，整天为一些生活琐事和儿女情长之事烦恼，你又怎么能专注于学习呢？整天想着“数学作业老师不检查，咱不做了”，“语文做了也白做，不做了！”，“这章节太容易，有啥学的”，你的心又怎么能静下来学习呢？

3.早动手

在学习上，你若动手得早，你就有足够的时间，你做的准备就越充分；你动手得晚，你的时间就越少，你的心就会越焦躁。

曾经有记者对某所著名的高中的三年级某班学生进行跟踪调查，他们发现，正是中午吃饭时间，不到30分钟，校园里已空无一人，教室已响起了朗朗的读书声；课间操集合时，每个同学都拿一个小本本，嘴里念念有词，他们在利用集合时间记英语单词！以这样的精神学习，还怕学不好吗？

4.制定详细的学习计划

盲目目的的学习是没有好的效果的，效率差的学习会让你的自信心逐渐消失殆尽，因此，你最好制定一份详细的学习计划：每天干什么，什么时间干，要有详细的计划，计划要切合实际，要略高于自己现在的学习能力。

从明天起，你将开始全新生活！订个详细的计划，让它来规范自己，约束自己，提醒自己，鞭策自己！依计划而行，则有条不紊，顺理成章；无计划行事，则盲无目的，失去所向。

5.坚持你的学习计划

在《圣经》这本书中，记载了一个故事：

摩西带领以色列人出埃及，过红海，来到旷野，走了三天都找不到水喝，好不容易到了玛拉，却发现那里的水是苦的，百姓不由得大发怨言，苦闷不已，他们不知道，只要再走一段路程，紧接着就到了以琳。那里有泉水和棕树，可以让他们安安稳稳、舒舒服服地扎营休息。

的确，人生就像马拉松赛跑一样，只有坚持到终点的人才有可能成为真正的胜利者。学习也是一样，著名航海家哥伦布在他的航海日记上最后总是写着这样一句话“我们继续前进”。这话看似平凡，但也告诉了所有正在学习的人们一个道理，学习需要无比的信心和意志力。因为一直以来，学习都不是一件很轻松愉快的事情，也不是一朝一夕一蹴而就的事情，它必须付出艰苦的劳动。在你的思想上，不要把学习看作是一种负担，一种包袱和苦差事，学习是一种追求、兴趣、责任，一种愿望，学知识会使人生更快乐，更有滋味，更有激情。

任何一种能力的获得，都需要学习，学习不是享受，甚至有时候，学习的过程是枯燥的，这就需要我们学习自控，培养自己的意志力，坚持学习、专注于学习，你必当有所收获！

积极的情绪体验让学习有趣味

我们可能都有这样的感受：学生时代，我们偶尔会上课打瞌睡，有很多原因，其中重要的一点是我们对这么功课不感兴趣。其实，哪一种学习不是这样呢？如果我们认为学习枯燥无味，那么，我们便提不起兴趣，学习效率自然也不高，而反过来，假如我们尝试着对学习投入百分之百的热情，努力、专注地学习，那么你就会发现，你的学习能力正在提高，你会为此兴奋，同时，你离你的学习目标也越来越近，你是不是又会产生更强烈的学习激情呢？当然，要提高学习热情，还是要从培养兴趣开始。

这是微软全球副总裁张亚勤亲身经历的一个故事：

1985年，张亚勤赴美留学，在以满分通过博士生入学考试后，张亚勤跑去向导师求教如何选择博士论文的题目。

“老师，您看我的博士论文到底该做什么题目？”

谁知道那位老师说：“我还正要问你这个问题呢！”

张亚勤感到很意外。因为在国内，总是导师先给学生划定一个大致的论文范围。而在美国，总是学生自己找研究课题，导师只是最后帮助把握一下，提一些建议。张亚勤很快意识到这就是东西方教育的区别："开放"与"计划"教育的区别。他认为这种开放的学习方式更能使人产生学习兴趣，也更有创造力："自己选课题的时候总是最用心的时候。"

这里，我们看到了学习兴趣在学习过程中的重要性。"兴趣是最好的老师。"对人类做出杰出贡献的大科学家爱因斯坦的这句至理名言被许多教授在课堂上引用。任何一个有所作为的人，在他们的成才历程中，兴趣都对他起到了巨大的、不可替代的作用。当你热爱学习时，学习对于你来说就不是枯燥的，而是一种娱乐。你可能因为看一部电视剧而24小时不睡觉，你可能因为一个游戏几天几夜不合眼甚至不吃饭，归根结底，那是因为你热爱，你投入。

兴趣，是指一个人力求认识某种事物或从事某种或活动的心理倾向。人都会因为兴趣而执着于某一样活动，并在最后取得或小或大的成功。

在年轻人梦寐以求的微软公司，曾有一个临时清洁女工升职成正式职工的故事：

她是办公楼里临时雇佣的清洁女工，在整个办公大楼里，有好几百名雇员，但她的工资最低、学历最低甚至几乎没有什么学历、工作量最大，而她却是最快乐的人！

每一天，她来得最早，然后面带微笑，开始工作，对任何人的要求，哪怕不是自己工作范围之内的，也都愉快并努力地跑去帮忙。周围的同事都被她感染了，有很多人成了她的好朋友，甚至包括那些被大家公认为冷漠的人，没有人在意她的工作性质和地位。她的热情就像一团火焰，慢慢地整个办公楼都在她的影响下快乐了起来。

盖茨很惊异，就忍不住问她："能否告诉我，是什么让您如此开心地面对每一天呢？""因为我热爱这份工作！"女清洁工自豪地说，"我没有什么知识，我很感激企业能给我这份工作，可以让我有不错的收入，足够支持我的女儿读完大学。而我对这美好现实唯一可以回报的，就是尽一切可能把工作做好，一想到这些，我就非常开心。”

盖茨被女清洁工那种热爱工作的态度深深地打动了：“那么，您有没有兴趣成为我们当中正式的一员呢？我想你是微软最需要的。”“当然，那可是我最大的梦想啊！”女清洁工睁大眼睛说道。

此后，她开始用工作的闲暇时间学习计算机知识，而企业里的任何人都乐意帮助她，几个月以后，她真的成了微软的一名正式雇员。

这名女清洁工是怎么获得成长的？因为她对当下的工作的热爱和对计算机知识的渴望。当她还是一名清洁员工时，她能以正确的心态去面对工作，不是怨天尤人，不是得过且过，而是以一种积极的、向上的心去感染周围的每个人。

生活中，正在学习的人们，你是不是觉得学习是那么的枯燥呢？那么，你不妨像这位女工学习吧，调节一下自己的内心，寻求到学习的乐趣，怀着热情去学习，并努力向上攀登。那么，每天你都会获得进步。

具体来说，你可以尝试以下几种调节方法：

1.摒弃“我对学习不感兴趣”的既成观念

我们经常听到一些学生说“哎呀，我要是对唱歌、旅游、玩等好多事情都感兴趣，可是就是对学习不感兴趣，我也想学习成绩好，怎样能让我对学习感兴趣呢？” 其实，有时候，这是一种既成观念，人们普遍地认为学习是枯燥的，正是这种先入为主的想法，让他们开始排斥学习。

积极地参与、从心理上亲近、心怀好奇之心是让我们接触这些学习内容的最好方法。对于当下学习的内容，你不妨问自己：我对哪门课兴趣最大，对哪门课兴趣最小。仔细想想为什么会这样。接下来，你要做的是，不只学习那些你感兴趣的内容，那些不感兴趣的内容，你也要尝试，那么你会发现，其实，所有的知识都是融会贯通的，对知识的系统性把握，会让你对所有知识都产生了解的欲望。

2.专注、认真是让你产生学习兴趣的内在动因

很多人抱怨自己对学习没有兴趣，其实，这是因为你没有用正确的态度对待学习。其实，认真是和兴趣成正比的，如果你能努力、认真地学习，那么，你就会取得好成绩，你会获得一种成就感，反过来，成就感会刺激你继续认真、努力地学习。这就是兴趣，而兴趣又会促使你更加认真地去学习，从而取得更好的成绩。形成良性循环，互相促进，学习的兴趣会越来越浓，甚至到了入迷的地步。

3.寻找积极的情绪体验

你对学习没有兴趣，很多时候是因为你没有看到学习给你带来的快乐的情绪体验。而事实上，课本并不是枯燥的，很多时候，你能从课本中获得某种对成长有益的因素。获得这种积极的情绪体验，你就会主动抛却那些消极的、应付的学习态度了，这会有利于学习兴趣的提高。

4.科学安排学习时间

避免过度疲劳是让兴趣持续的方法之一。因此，学习过程中，你最好要劳逸结合。该休息时休息，该学习时学习，而且学习时间安排要科学。不能长时间学习一种科目。

另外，每天在固定的时间学习也是保持学习兴趣的方法，习惯在特定时间出现的兴奋性和学习密切相关。

5.勤于计划和总结，知己知彼

对于当下的学习状况，你应该有个清晰的了解，知道自己取得了哪些成就，知道自己在哪些方面还有欠缺。这些都是学习的的动力，如果你给自己作了明确的分析，你会发现你的学习兴趣正在增长。

当你已经能在每一次的学习过程中寻找到无数的快乐和成就时，你还能说自己没有学习兴趣吗？

在学习过程中，兴趣是极为重要的，如果你认为学习只是一种应付性活

动，那么，你是不会有很高的学习效率的。对于这种情况，你有必要调节自己的内心，当你能做到保持不甘落后、积极向上、奋发有为的精神状态，有只争朝夕的紧迫感，那么你一定会不断进取！

第10章

剔除享乐主义：
先苦后甜 成功必然

玩物丧志，矫正你的“玩心”

我们都知道，在人的天性里，都是追求快乐而逃避痛苦的，而人们获取快乐的一个重要的方法便是“玩”，在玩的过程中，人的身心能得到放松，人们能忘却很多现实生活中的烦恼，但一味地追求玩乐只会让我们逐渐失去自控能力和斗志，让我们的行为偏离正确的轨道，久而久之，我们离自己的远目标只会越来越远。古人云“玩物丧志”，大致也就是这个道理。这句成语见于《尚书·旅獒》：“玩人丧德，玩物丧志。”关于这一成语，有这样一个典故。

周武王姬发带领军队灭了商朝之后，建立西周王朝。他吸取前朝灭亡的教训，开始采取一系列巩固政权的措施。一方面，他将全国的土地划分为几个部分，分封诸侯；另一方面，他派遣使臣到那些边疆地区，以号召各国臣服周朝。

西周逐渐强大起来，那些边远国家和地区自然也都臣服于它，于是，他们都争相将贡品送到西周都城，也就是今天的西安。

一天，姬发在处理完政事之后，听说西方旅国有人献上了一个奇宝，充满好奇心的他赶紧命人送进来，才发现是一条大狗，这种狗在西方旅国被称为獒。这只狗身高体重，且通人性，见了周武王就赶紧俯首行礼。武王看了，心情非常愉悦，命人收下了这只宝狗，并重赏了使者。

武王的一举一动都被站在身后的太保召公奭看在眼里，记在心中。当这些人离去之后，他赶紧写了一篇《旅獒》呈给周武王，这篇奏折的内容大致是：武王今天的政权来之不易，如果不继续艰苦奋斗，那么，所有的胜利果实很可能会毁于一旦。其中他写道：轻易侮弄别人，会损害自己的德行；沉迷于供人玩弄的事物，会丧失进取的志向。

武王读完《旅獒》后，便想到了商朝灭亡的教训，觉得召公奭的劝告是对的，于是把收到的贡品分赐给诸侯和有功之臣，自己则兢兢业业地致力于国家的治理和建设。

“玩物丧志”这句成语，常用来指醉心于玩赏某些事物或迷恋于一些有害的事情，就会丧失积极进取的志气。从这个典故中，我们也应当有所启示，一个人，要想有一番作为，就必须要学会自控，控制自己的“玩”心、剔除自己的享乐主义心理。事实上，那些成功者之所以成功，并不是因为他们喜欢吃苦，而是因为他们深知只有磨炼自己的意志，才能让自己保持奋斗的激情，才能不断进步。

然而，我们不得不承认的一点是，现代社会，随着物质生活的提高和科学技术的进步，一些人被周围的花花世界所诱惑，一有时间，他们就置身于灯红酒绿的酒吧、歌厅，就连独处时，他们也宁愿把精力放在玩游戏、上网上，而时间一长，他们的心再也无法平静了，他们习惯了天天玩乐的生活，他们再也没有曾经的斗志，最后只能庸庸碌碌地过完一生。

因此，无论何时，我们都要控制自己的“玩”心，享乐只会让我们不断沉沦，闲暇时我们不妨多花点时间看书、学习，不断地充实自己，才能在未来激烈的社会竞争中立于不败之地。

“每天下班后，我宁愿去图书馆看看书，也不愿意和一群人聚在酒吧，每读一本书，我都能获得不同的知识，有专业技能上的，有人生感悟上的，有风土人情，有幽默智慧，我很享受读书的过程，每次从图书馆出来都已经夜里十点了，在回家的路上，看着路边安静的一切，风从耳边吹过，我真正感到了内心的安宁。同事们都说我这人太宅了，但我觉得，这样的生活很充实，内心有书籍陪伴，我从不感到孤独。实际上，在很久以前，我也是个爱玩的人，常常和朋友喝酒喝到半夜才回家，一到周末就约朋友出去吃饭、唱歌，我很少一个人待着，有时候，真当我一个人在家的时候，我也会找一些娱乐项目，比如上网、打游戏、跳舞等，我觉得自己根本闲不下来。

但就在我30岁生日那天，发生了一件令我这辈子都无法释怀的一件事，我的一个朋友，那天晚上，我们喝得很多，离席后，他开着车自己回去了，谁知道在半路上出了车祸。我很后悔，假如我没有让他喝那么多的酒，就不会出事，从这件事以后，我改变了对人生的看法，如果我的下半生还是这样浑浑噩噩地过，那么，这和一具行尸走肉又有什么区别呢？

后来，在一个图书馆管理员朋友的推荐下，我开始接触到了各种各样的书籍，从这些书中，我学到了很多……”

这是一个深爱读书、拒绝玩乐的人的内心独白，的确，他说得对，一个整天玩乐的人就如同一具行尸走肉，真正内心的快乐其实并不是玩乐能带来的，而是努力充实自己的心灵。当然，如果你是一个爱玩的人，那么，从现在开始学会自控、纠正自己的玩乐心理并不晚，这需要你做到：

1.替代法

当你想玩乐的时候，你不妨做一些其他的比较轻松的活动，比如，如果你想玩游戏，不妨换作运动、唱歌、看书等，当你沉浸在其中的时候，游戏对你的诱惑也许就慢慢消减了。

2.比较法

你可以在内心做一个比较：此时“玩”与“不玩”会有什么区别？以玩游戏为例，玩游戏可能会耽误你的学习和工作，影响你的休息。但“不玩”，你会节约出很多时间从事其他事情，相比较而言，哪一选择更明智，很明显是后者。长期的心理建设会让你逐渐消减对游戏的欲望。

3.矫正玩乐心态并不意味着要杜绝玩乐

即使你是个爱玩的人，你也不可能完全限制自己的行为，毕竟一个人不可能24小时都工作或者学习，因此，你最好学会循序渐进地调整，你可以为自己制定一些小计划，比如限制玩乐的时间，但无论如何，你一定要完成。如果你完成不了，那你一定要找出原因，在迷茫的时候看看，会帮助你改善自己的自控能力。

控制自己往往是在自己理性的时候，而不想控制自己往往是在感性的时候。所以矫正自己的玩乐心态的最好的方法就是一个理性的心理建设的过程。当然，对于玩乐，没有人能够完全避免，所以只能逐步改善。

别让享受打破你的坚持忍耐

我们都知道，大千世界，处处都是存在辩证法的，有得就有失，有失也有得，得与失是矛盾的统一体，其中，要成功就必须放弃享乐。我们不难发现，大凡做出一些成就的人，他们必定会经受一些磨难，吃尽苦头，然后才能等到出头之日，一鸣惊人。在这个过程中，他不断地忍耐着痛苦与辛酸，精神上的，身体上的，那些痛彻心扉的日子，他们咬着牙，将滴落的血吞进肚子里。有时候，为了完成自己心中的理想，他可能会需要寄人篱下，甚至遭人白眼，受人讽刺，但他们都忍耐了过来，在这个过程中，他们放弃的就是暂时的享乐。但实际上，他们明白，他们最终会有守得云开见月明的一天，到那时，自己以前所受的所有苦难都是值得的，因为它们已经凝结成了耀眼的成功的光环。

相传，勾践战败后，他接受了大臣文种的建议，收买了吴国太宰伯喜否，请求他帮助向夫差称臣纳贡求降，越王和王后到吴国给夫差为奴做妾。夫差答应了，却在吴国对勾践夫妻极尽羞辱，勾践在夫差面前一副感恩戴德五体投地的奴才相，嘴里还感激夫差不计前嫌以德报怨，宽宏仁慈。勾践在夫差面前表现得十分恭敬，称自己为贱臣，小心翼翼，百依百顺。夫差要上马，勾践就跪下来让夫差踏在自己的背上。夫差生病了，勾践在夫差面前寝食难安，问病尝粪，嘴里一边吃着夫差的大便，还一边说出自己的忠诚之志：“恭喜大王，大王的病就快好了。”

就这样，勾践以自己的忠诚打动了夫差，终于夫差下令让勾践回到越国。勾践回到越国之后，立志要报仇雪恨，他唯恐眼前的安逸消磨了自己的志气，于是在吃饭的地方挂上一个苦胆，每逢吃饭的时候，就先尝尝苦味，并问自己：“你忘了会稽的耻辱了吗？”他还把席子撤去，用柴草当作褥子，这就是后人一直传诵的“卧薪尝胆”。

勾践能做到“卧薪尝胆”就是一种自控力，战败后的他完全可以继续自己享乐的生活，但是他却选择了忍耐，在吴王夫差面前，勾践简直跟奴才一样，甚至比奴才更卑贱，不仅受到了夫差的百般侮辱，而且嘴里还感激夫差不计前嫌以德报怨，并自称“贱臣”。这样的姿态，比委曲求全更甚，自己所受的侮辱和苦难都不是普通人能及的，但勾践都一一忍耐了过来。其实，他早就有了复国大计，之所以在夫差面前百般受辱，那是为了赢得夫差的信任，这样自己就可以早日回到越国去施行复国大计。那看似的委曲求全，实则是一个计谋，勾践早已经将整个计划运筹帷幄于股掌之间。于是，这才有了后面“勾践灭吴”的故事。无独有偶，曾国藩的忍耐力也是值得我们学习的。

曾国藩刚开始办团练的时候，其中除了大量的湘军勇士，还有不少的绿营军，这使得曾国藩面临着更多的问题。而且，在操练中，曾国藩始终坚守着“吃得苦中苦”，对将士们要求十分严格，风雨烈日，操练不休，这对于来自田间的乡勇来说，并不觉得太苦。但是，对于那些平日里只会喝酒、赌钱、抽鸦片的绿营兵来说，却像是“酷刑”，对此，绿营上上下下怨声载道。副将不到场操练，根本不把曾国藩放在眼里，甚至对底下的士兵宣称：“大热天还要出来操练，这不是存心跟我们过不去吗？”曾国藩一方面忧心军队的操练，另一方面还要应付绿营军的捣乱，日子过得十分辛苦。

当时，在长沙城内驻扎着绿营兵和湘勇，绿营军战斗力极差，受到了乡勇的轻视，对此绿营兵十分愤怒，经常与乡勇发生摩擦。双方水火不容，开始由一些小争执变为战斗。而且，绿营军是朝廷的正规军队，深得清朝庇护，曾国藩所操练的湘军不过是乡间勇士，无人庇护，于是，曾国藩只能严格要求自己的军队，不得与绿营军发生冲突。即使曾国藩一再忍受绿营军的欺辱之苦，但仍改变不了现状，绿营军更加横行霸道，湘军进出城门都会受到公然侮辱。朋友看见曾国藩如此辛苦，劝他参奏绿营军，不料他却推托："做臣子的，不能为国家平乱，反以琐碎小事，使君父烦心，实在惭愧得很。"过了一阵子，曾国藩就将湘勇遣往外县，将自己的司令部也移到了衡州。

其实，曾国藩在组建湘军之际，确实是吃了不少苦头，组建军队本身就将面临着各种艰难，而同时还将遭受绿营军的挑衅，那确实是一段异常辛苦的日子。当时，咸丰帝下令曾国藩办团练，由于朝廷战事甚紧，也没办法给军队军饷，曾国藩作为军队的创办者必须解决军队的军饷问题，然而这一切困难的问题，曾国藩都以坚韧的意志忍了过来，他明白"只有吃得苦中苦，方才能为人上人"。试想，如果当初曾国藩忍受不了绿营军的挑衅，在朝廷不提供军饷的情况下，就停止操练，那怎么会有后来骁勇善战的湘军呢？在绿营军面前的看似委曲求全、百般忍让，其实都在曾国藩掌控之中，唯有这样，才能建立起一支独立而极具力量的湘军。

当然，忍耐，也是有目的的，如果一个人是毫无目的地忍耐，不管遇到何人何事都采取忍耐的态度，那这样的忍耐就是愚蠢的。在忍耐的同时，我们应该问自己"为什么忍耐""忍耐需要达到什么样的目的"，当心中有计划，那就必须忍耐；羽翼未丰，也需要忍耐。这样的忍耐是一种智谋，因为在委曲求全忍耐的同时，他早已经将所有的计划掌控于胸中，忍耐不过是为赢得最后成功拖延时间而已。

忍耐就是一种自控力。任何一个人在追寻目标的过程中，都必须要忍耐，不仅要忍耐失败带来的痛苦、生活的平庸，更要学会控制享乐的心，

“吃得苦中苦，方为人上人”，享乐只能让我们不断懈怠，忍耐才能磨炼我们的意志，帮助我们不断朝着目标前进。

去拥抱你的困难，它能使你蜕变

在人生路上，我们每个人都在为自己的目标奋斗着，但这并不是一个一帆风顺的过程，那些成功者，也必定是经历了百转千回的磨砺和痛苦，因此我们说，成功是容不得我们有享乐之心的。俗话说：“命好使人废”，温室中的环境是培养不出人才的。生活中的我们，在遇到困难的时候，也要有忍耐力去拥抱你的困难，只有顽强面对，你才能实现人生的成功蜕变。这就和蝴蝶的蜕变一样，先是虫卵，然后等春天来了，出来了毛毛虫、菜青虫之类的虫子，这时基本上都是害虫，然后它们生长一段时间以后成熟了，就开始吐丝结茧，再过一段时间之后才会变成翩翩起舞的蝴蝶。在万花丛中，我们看蝴蝶，那美丽的翅膀抖动着，那亮丽的花纹在阳光的照射下更是熠熠生辉。可是，我们在赞叹蝴蝶美丽的同时，是否想到了它蜕变背后的艰辛呢？

蝴蝶的蜕变是需要代价的，它所承受的代价都是忍受痛苦：蜕变的苦痛、等待的焦躁、忐忑不安的心境。这些都是蝴蝶在蜕变之时所承受的苦痛，其实，人何尝不是一样呢？如果自己想要成功，必须经历一个煎熬的过程，就好像蝴蝶蜕变一下，刚开始可能你只是一个什么都不会的毛头小伙子，后来慢慢开始有了想法，开始去尝试，尝试之后是失败，失败了再尝试，在忍受了无数次失败的痛苦之后，你才能迎来成功，然而，在这个过程中，你更需要一种顽强的自控心，如果你贪图享乐，那么，你只会半途而废。

美国人克里斯托弗·里夫在电影《超人》中扮演超人而一举成名。但谁能料到，一场大祸会从天而降呢？

1995年5月27日，里夫在弗吉尼亚一个马术比赛中发生了意外事故，以致头部着地，第一及第二颈椎全部折断。5天后，当里夫醒来时，医生说不能够确保里夫能活着离开手术室。

那段日子里夫万念俱灰，许多次他甚至想轻生。出院后，为了平缓他肉体和精神上的伤痛，家人便推着轮椅上的他外出旅行。有一次，小车正穿行在落基山脉蜿蜒曲折的盘山公路上。克里斯托弗·里夫静静地望着窗外，发现每当车子行驶到无路的关头，路边都会出现一块交通指示牌："前方转弯！"或"注意！急转弯"的警示文字赫然在目。而拐过每一道弯之后，前方照例又是一片柳暗花明、豁然开朗。山路弯弯、峰回路转，"前方转弯"几个大字一次次地冲击着他的眼球，也渐渐叩醒了他的心扉；原来，不是路已到了尽头，而是该转弯了。他恍然大悟，冲着妻子大喊一声："我要回去，我还有路要走。"

从此，他以轮椅代步，当起了导演。他首次执导的影片就荣获了金球奖；他还用牙咬着笔，开始了艰难的写作，他的第一部书《依然是我》一问世就进入了畅销书排行榜。与此同时，他创立了一所瘫痪病人教育资源中心，并当选为全身瘫痪协会理事长。他还四处奔走，举办演唱会，为残障人的福利事业筹募善款，成了一个著名的社会活动家。

美国《时代周刊》也曾报道了克里斯托弗·里夫的事迹。在这篇文章中，他回顾自己的心路历程时说："以前，我一直以为自己只能做一位演员；没想到今生我还能做导演、当作家，并成了一名慈善大使。原来，不幸降临的时候，并不是路已到了尽头；而是在提醒你：你该转弯了。"

一次偶然的事件，让原本几乎绝望的克里斯托弗·里夫重新选择了一条人生的路。在这条路上，他同样取得了成功甚至是辉煌。在面对身体上的巨大折磨时，和克里斯托弗·里夫一样，可能很多人都会有轻生的念头，但是转念一想，难道不是这些所谓的困难和逆境让我们获取了更多的成长机会、磨炼了我们的意志吗？假如我们的人生一帆风顺，那么好命的我们只能是温室中的花朵，经受不住任何风雨的打击，以这样的心态面对人生困境，还有什么值得我们苦恼的呢?

帕格尼尼的人生是充满苦难的：在他4岁时，一场麻疹和强直性昏厥症，差点要了他的命；7岁时，他又患上了严重的肺炎，不得不进行放血治疗；46岁时，他的牙床突然长满脓疮，只好拔掉几乎所有的牙齿；牙病刚刚好，他又染了上可怕的眼疾，幼小的儿子成了他手中的拐杖；年过半百后，关节炎、肠胃炎等多种疾病又时刻吞噬着他的肌体；后来，他的声带也坏掉了，只能靠儿子按口型翻译他的思想；57岁时，口吐鲜血而亡；死后，尸体也备受折磨，先后搬迁了8次!

但是，面对人生中的这么多苦难，帕格尼尼并没有沉沦，他不仅用独特的指法弓法和充满魔力的旋律征服了整个世界，而且发展了指挥艺术，创作出《随想曲》《无穷动》《女巫之舞》和6部小提琴协奏曲以及许多闻名世界的吉他演奏曲，可以说他是一位善于用苦难的琴弦将天才演奏到极致的奇人。

听到了帕格尼尼的悲苦演绎，李斯特大喊：“天啊，在这4根琴弦中包含着多少苦难、痛苦和受到残害的挣扎着的生灵啊！”在追求事业的过程中，苦难是不可避免的，但我们每个人都有自己的选择，有的人选择抱怨，有的人选择自暴自弃、贪图享乐，有的人选择隐忍、奋进。很多时候，我们已经忘记了还有一种东西——意志力，当我们保持顽强的意志力，那苦难就会令我们变得更坚强，成功也就是指日可待的事情了。

追求快乐是人的本性，但我们同样应该有面对困难的勇气和意志力，失败平庸者多，主要是心态有问题。遇到困难，他们总是挑选容易的倒退之路。“我不行了，我还是退缩吧。”结果陷入失败的深渊。成功者遇到困难，他们能心平气和，并告诉自己：“我要！我能！”“一定有办法”，而最终，他们成功了。

我们每一个人，在人生路上都有可能遇到一些难题，它会阻碍我们前进，甚至让我们心灰意冷，甚至沉溺于玩乐之中，但请一定要记住，明天还未来到，昨天已经过去，珍惜今天，调整好心态，才能真正把握大局，才能找到向前方前进的路！

贪图享乐，最容易迷失自我

我们都知道，痛苦和快乐是两个相对的概念，前者是人们在生活中极力避免的，而后者则是人们努力追求的，而事实，痛苦和快乐的意义仅仅在于它提供了生存和发展的动力。真正的快乐是来自于灵魂的丰满，一个内心充实的人便是快乐的，而享乐主义则把人生目标的影子当成了人生目标。其实，一个人之所以会在一生中交替出现快乐和痛苦，是因为在他内心世界中，意志和理性所占的份额不同：当意志强于理性，必导致失败的痛苦，反过来，就是快乐的。也就是说，如果我们能控制自己的享乐心态，那么我们便能消减痛苦。而如果我们任由享乐主义侵占自己的心灵，那么这才是人生最大的痛苦。相信很多人都读过法家作家福楼拜的代表作《包法利夫人》。

主人公爱玛是一个富裕的农民的女儿，曾经在专门训练贵族子女的修道院读过书，尤其喜欢读一些浪漫派的文学作品。虽然现实生活很残酷，但是爱玛却经常沉浸在自己虚构的奢华生活中无法自拔。现实和虚幻世界的强烈反差，使她非常苦闷。成年之后，爱玛嫁给了包法利医生，但是，医生微薄的收入根本无法供她挥霍。而且，爱玛非常讨厌其貌不扬的查理·包法利极其满足现状的个性。即使在有了孩子之后，爱玛的母爱也没有苏醒。她一心一意、执迷不悟地贪图享乐，爱慕虚荣，竭尽全力地满足自己的私欲，梦想着能够过上贵妇的生活。为了追求浪漫的爱情，寻求她心目中的英雄，爱玛先是受到罗多尔夫的勾引，结果被欺骗了，后来，她又与莱昂暗中私通，中了商人勒乐的圈套，最终导致负债累累，不得不服毒自尽。

在这篇小说中，福楼拜批判了爱玛爱慕虚荣的本性，也深刻地批判了社会的畸形。这种批判引人深思，让人警醒。虽然如此，时至今日，人们也还在犯着同样的错误，并且有愈演愈烈之势。现代社会，有那么多年轻漂亮、有高学历的女孩子心甘情愿地当有钱人的情妇，甚至还有大学生公开求包养。虽然每个人都贪图荣华富贵，但是君子爱财，取之有道。如果一个女人以自己的年轻貌美来换取安逸的生活，不得不说这是社会的悲哀。在某种程度上，这些现代的拜金女甚至不如爱玛。在19世纪，女子必须依赖男子而生存，因此，爱玛曾经叹息过自己没有生一个男孩。但是，随着社会的发展，女人的地位不断提高。在现代社会，女人完全可以凭借自己的实力独立于世。在这种社会环境中，贪图享受，企图不劳而获，岂不是莫大的悲哀？沙翁说：“弱者啊，你的名字叫女人。”女人虽然在生理上有弱势，但是女人柔弱而又坚韧。在社会上，很多女人坚强而柔韧，巾帼不让须眉。

的确，现代社会，物质极大丰富，有无数的好东西值得我们拥有。但是，并非每一个人都能如愿以偿地拥有自己心仪已久的东西。例如一克拉的大钻戒，每个女人都梦想着能够拥有，但是却很少有人有机会拥有。难道我们就要把自己一生的目标都定位于拥有一克拉的钻戒吗？毫无疑问，大多数女人都没有这么做，她们把它当成一个美好的梦，而淡然地过着平凡的生活。同样的道理，谁都想住别墅，开好车，但是大多数都只能租房或者买个小房，挤地铁、公交，或者开着几万块钱的代步车，照样生活得很幸福。因此，在追逐人生目标的道路上，我们并不是说要完全摒除享乐，但如果你贪图享乐，甚至采用一些非凡手段来获取享乐的物质，那么你只能走上万劫不复的道路。

张某刚刚年满18岁，小学毕业后一直在其父亲经营的饭店里帮忙。很长时间以来，张某都梦想着能有属于自己的车，甚至连做梦都在想。4月17日中午，张某趁自己一个人在家的机会喝了半斤多的白酒，希望以此壮胆，去街上抢一辆车来开。下午三点钟前后，他将提前准备好的水果刀藏在身上，去了出租车比较多的县人民医院附近。在那里转悠了两圈后，张某看到医院大门口南路东边有一辆红色吉利出租车，司机是一名三十来岁的女性。上车之后，张某坐在正后方的后排座位上，报了一个地名，并且和司机谈妥了价格。行驶了没多长时间，张某就叫司机拐弯上了偏僻的乡间小道。当车行驶到没有人的路段时，张某掏出提前藏在身上的刀子向女司机的脖子右侧前后划了一刀。女司机猝然受到攻击，就一边喊“救命”一边打开车门往外跑。情急之中，张某顺势又用刀子朝她的脖子连续划了三四刀。女司机只跑了四五十米的路程，就因为失血过多当场死亡。因为紧张和驾驶技术不熟练，张某开车逃跑时撞上了路边停着的一辆农用三轮车，之后又在慌乱之中撞到路边石坝上。为此，张某弃车逃跑。

在张某逃跑到圣水峪乡小城子村时，已经有几个村民先后知道了有人被杀的事情。村民陈某某是最先遇到仓惶逃跑的张某的，他及时报警，并且通知了村支书。在村支书的带领下，村民们自发组织起来在小城子村展开了找寻张某的大搜捕，后来，民警及时赶到，和村民在小城子村北水库边发现了因为无路可逃而跳入水库的张某，并且将其擒获。至此，案发不到两个小时。事后，在审问的过程中，张某说自己之所以抢车，就是因为想弄辆车开开，让大家都羡慕自己。

因为希望能拥有一辆车，能让别人羡慕，张某不惜抢劫杀人，也葬送了自己的人生。面对这场人间惨剧，人们不得不深思。然而，不得不承认的是，一些人渴望过上富裕、人人羡慕的生活，却不努力，于是，他们企图通过一些所谓的捷径来达到目的，而最终，他们不仅给别人带来了伤害，也毁灭了自己。

在人生发展的道路上，我们如何选择继续往前走，决定了我们生命的高度，一些人贪图享乐，甚至却总是愿意一条道走到黑，他们浑浑噩噩地度过每一天，在错误的道路上越走越远，甚至在追逐已定目标的道路上逐渐迷失了自己。因此，我们每个人都应该学会正确地定位自己、认清自己，看到自己的价值，然后找准目标，挖掘到自己的内在动力，再朝着正确的方向努力，你就能充分发挥自己的价值。总之，我们要告诫自己，绝不做一个没有追求、漫无目的的享乐主义者！

第11章

提升身体机能：在锻炼中调节身心

心越待越懒，动起来让你更有精气神

生活中，人们常说："生命在于运动"，运动是保持身体健康的重要因素。早在2400年以前，医学之父希波克拉底就讲过："阳光、空气、水和运动，这是生命和健康的源泉。"生命和健康，离不开阳光、空气、水分和运动。长期坚持适量的运动，可以使人青春永驻、精神焕发。每天都处于紧张的工作和生活压力之下的人们，你是否会有这样的感觉：每天早上起床都感到浑身无力，而到了一天工作结束的时候，你已经累得四肢无力了？夜深人静时，你是否依然辗转难眠？你是否感觉到你的体重正在呈上升趋势？其实，这都是你的身体开始出现亚健康的标志，怎么办？也许你会想到很多种药物治疗，你开始吃安眠药，你开始节食，但似乎并没有多少成效，正如曾经有人所说的："运动的作用可以代替药物，但所有的药物都不能替代运动。"其实，如果你尝试着坚持运动，你会发现，汗水会让你的身体慢慢轻盈起来。

在美国人来看，总统布什是他们运动以及锻炼身体的楷模。

布什没有那么多的时间进行户外训练，于是，他把跑步的项目放到了健身房中，在重量训练上，他还进行了坐姿推举、扩胸与扩背运动。

为了锻炼身体，布什还经常利用一切可以利用的环境跑步。曾经在访问墨西哥途中，他就在空军1号会议室里的1台跑步机上跑了起来。可以说，布什是走到哪里就跑到哪里，他跑步的身影在美国许多地方出现过。在总统套房里，在戴维营的林间小道上，当然还有位于白宫顶楼的健身房内。

迄今为止，他个人跑步的最好成绩是6分钟45秒跑完1英里。

布什每周跑步4次至5次，举重至少2次。其中周四进行长跑，周日一般进行快跑训练，其他时间进行慢跑和器械练习。

无独有偶，新加坡内阁资政李光耀也是个爱运动的人，他每天都会坚持长跑20分钟。

不论在家还是出国，每天坚持跑20分钟已经成为他雷打不动的习惯。曾经，他说："我每天都做运动，如果不做，便感到懒散，我发现健身操使我感觉更好，能开胃，也睡得更好。"他不仅喜欢跑步，还有游泳和自行车。如果是应邀去没有运动设施的国家开会，他的随身行李一定要带着可折叠的健身脚踏车，清晨或晚饭前进行运动。李光耀认为，有了运动，还要有足够的休息才能健康，每天睡眠8个小时最理想，但通常他只睡六七个小时，因为睡眠质量好，从不失眠。

李光耀曾是个胖子，喜欢吃炸鸡翅，喝啤酒和葡萄酒。他现在这副身板，都是他努力进行体育锻炼的结果。他特别倡导体育运动，他认为居住在城市里的人，必须注意锻炼身体，这方面他也率先做到了。

他年过古稀时仍然头脑清楚、精神饱满、腿脚利落。

生活中的人们，也许你会说，我每天很忙，没有时间运动。那布什和李光耀是怎么做到的呢？所以，不要再给自己找借口了。如果你能坚持运动，那么你不仅能减掉身上多余的脂肪，还能获得身心的放松。

美国运动医学院的研究表明，正确的运动可帮你持久保持健康活力和苗条体态的程度高达70%，更健康的心脏和更低的患癌风险是运动带来的最为显著的两大益处。

的确，运动的好处实在太多了，总结起来大致有：

1.缓解身体自然疼痛

如果你经常感到身体某些部位不舒服，比如头疼、膝盖疼或者脖子僵硬，那么休息和吃药并不是最好的方法，运动却能帮助你消减甚至消除这些症状。

美国斯坦福高级研究所的科学家表示，长期坚持有氧运动的成年人同那些总是喜欢躺坐在沙发上的人相比，肌骨骼不适的概率低25%。

你可以这样做：每周两次练习瑜伽或太极，可增加身体柔韧性，并且减少疼痛感。

2.提升语言能力

仅在跑步机上跑步锻炼就可以让你更加聪明。因为心脏快速跳动可增大血流量，向你的大脑输送更多的氧气。同时，还能激发大脑中控制事务处理、制订计划和记忆区域的更新。

你可以这样做：可用跑步上下楼代替跑步机。

3.削减感冒概率

适当的运动不只是能够加快你的新陈代谢，它还可以提升你的身体免疫力，帮助你的身体对抗感冒病毒和其他细菌的入侵。

你可以这样做：保持运动，但不要过度。如果经常剧烈运动，例如跑步超过90分钟，反而会降低身体免疫力。

4.更快乐地工作

英国布里斯托尔大学的研究表明，积极的生活方式可以帮助你更好地完成每天的工作计划清单。同时，你也会避免因为生病而耽误工作。

你可以这样做：参加健身课程，如果没有足够时间，可参加午间的瑜伽课程。

5.视力更清晰

对心脏有帮助的事物就会对视力有帮助。很明显，运动是对心脏有帮助的。英国的眼科研究发现，积极运动的生活方式会令你随着年龄增长所带来的视力衰退的概率减少70%！

你可以这样做：如果条件允许的话，每天步行6公里，全年戴上防紫外线太阳镜。

6.帮助深度睡眠

曾经有医学杂志报道，每周4次、每次至少用一小时来散步和其他有氧运动的人，睡眠质量会明显高于那些不爱运动的人。

的确，现代社会，伴随着高强度的工作压力，并随着年龄的增长，人的睡眠形式会发生改变，很多人都有“浅眠”的苦恼，所谓“浅眠”，指的是就是无法真正进入睡眠，夜间休息不好，身体得不到调整，又会影响第二天的工作和学习。

你可以这样做：每天不管多晚都要至少锻炼半个小时。研究表明，对大多数人来说，夜晚少量和中度的运动并不会扰乱睡眠。

7.任何年龄都觉得性感

适当有效的锻炼基本上可以保证拥有更好的体态。华盛顿大学的研究发现，只是一次20分钟的骑单车运动，就可以将女性的性吸引力指数提高169%！而且这一益处可以经受住时间的考验：哈佛大学对游泳者进行的研究发现，那些平均年龄超过60岁的人，仍然能够像年轻时一样获得性满足。

你可以这样做：每晚在享受浪漫时分前，不妨先进行20分钟有氧运动，每天步行或练习瑜伽会令你在任何时候都感觉良好。

运动带给我们的最大的好处就是让我们身心更加健康。如果你发现某些运动非常适合你，那么这会使运动更加有趣，如果你对某项运动非常期待，那么你也有可能会喜欢上这项运动。当然，运动也贵在坚持，一项运动至少坚持三周。一个舍得持之以恒花时间运动的人，在他四五十岁时，岁月一定会报偿她！

锻炼身体也是对心志的磨炼

我们都知道，在追求成功的过程中，意志力起到了无法替代的作用。那些成功者之所以成功，就是因为他们能吃得了苦、经得起挫折，而大多数人都与梦想渐行渐远。为什么呢？因为我们都认为梦想终归是梦想，只把它当成了遥不可及、无法实现的目标。我们有很多理由，例如：我没有足够的资金开创自己的事业；我的学历不高；竞争太激烈，做这个太冒险了；我没有时间；我的家人不支持我……而没有足够的资金，没有学历，没有这个那个，其实都是缺乏意志力的人为自己找到的冠冕堂皇的借口。当然，意志力的获得也是需要我们掌握一定的方法的。我们不难发现，生活中，那些能直面工作压力和困难的人，多半都有着健康的体魄，因为他们爱运动、坚持锻炼。据统计，有50%的人一周中至少有一天会感到疲惫。美国乔治亚州大学的研究者通过对70项不同研究分析得出：让身体动起来可以增加身体能量、减少疲累感。因此，我们可以说，身体的锻炼能磨炼心志。著名电影《阿甘正传》中的阿甘便是我们学习的榜样。

阿甘于第二次世界大战结束后不久出生在美国南方亚拉巴马州一个闭塞的小镇，他先天弱智，智商只有75，然而他的妈妈是一个性格坚强的女性，她要让儿子和其他正常人一样生活，她常常鼓励阿甘“傻人有傻福”，要他自强不息。而上帝也并没有遗弃阿甘，他不仅赐予阿甘一双疾步如飞的“飞毛腿”，还赐给了他一个单纯正直、不存半点邪念的头脑。

在学校里，阿甘与金发女孩珍妮相遇，从此，在妈妈和珍妮的爱护下，阿甘开始了他一生不停的奔跑。在中学时，阿甘为了躲避同学的追打而跑进了一所学校的橄榄球场，就这样跑进了大学。在大学里，他被破格录取，并成了橄榄球巨星，受到了肯尼迪总统的接见。大学毕业后，在一名新兵的鼓动下，阿甘应征参加了越战。在一次战斗中，他所在的部队中了埋伏，一声撤退令下，阿甘记起了珍妮的嘱咐，撒腿就跑，他的飞毛腿救了他一命。在越战中，阿甘交了两个好朋友：热衷捕虾的巴布和令人敬畏的邓·泰勒上尉。

战争结束后，阿甘作为英雄受到了约翰逊总统的接见。在一次和平集会上，阿甘又遇见了珍妮，而珍妮已经堕落，过着放荡的生活。阿甘一直爱着珍妮，但珍妮却不爱他。两人匆匆相遇又匆匆分手。

作为乒乓球外交的使者，阿甘还到中国参加过乒乓球比赛，并为中美建交立了功。在“说到就要做到”这一信条的指引下，阿甘最终闯出了一片属于自己的天空。他教“猫王”埃尔维斯·普莱斯里学跳舞；帮约翰·列侬创作歌曲；在风起云涌的民权运动中，他瓦解了一场一触即发的大规模种族冲突；他甚至在无意中迫使潜入水门大厦的窃贼落入法网，最终导致尼克松总统的垮台。

因为“傻人有傻福”，阿甘还阴差阳错地发了大财，成了亿万富翁。而阿甘不愿为名利所累，他做了一名园丁。阿甘时常思念珍妮，而这时的珍妮早已误入歧途，陷于绝望之中。终于有一天，珍妮回来了，她和阿甘共同生活了一段日子，在一天夜晚，珍妮投入了阿甘的怀抱，之后又在黎明悄然离去。3年以后，阿甘又一次见到了珍妮，还有一个小男孩，那是他的儿子。这时的珍妮已经得了一种不治之症，阿甘同珍妮和儿子一起回到了家乡，度过了一段幸福的时光。珍妮过世了，他们的儿子也到了上学的年龄。一天，阿甘送儿子上了校车，这时，从儿子的书中落下了一根羽毛，一阵风吹来，它又开始迎风飘舞。

这部电影中，阿甘的母亲告诉他：“人生就像一盒各式各样的巧克力，你永远不知道下一块将会是哪种。”的确，在未知的人生面前，无畏的心才会让我们勇往直前。阿甘不平凡的人生就始于他那双“飞毛腿”，因为爱“跑”，他丝毫不畏惧前方的困难，因为爱“跑”，他感悟到了人生的真谛。

除了阿甘之外，生活中，很多人可能惊叹于西点人的成功，并对他们超强的意志力感到佩服，但可能你没注意到一点，任何一个西点人，在文化知识的学习和体能的训练上都是双管齐下的，正是因为这样，他们不但拥有超人的智慧，还都拥有强健的体魄。“体能、心智和精神的完美统一”，这是西点军校体能训练和领导力的提升的目标。

45岁的戴纽斯上校言行一致，身体力行。在短短一周访华期间，除了一些重大参观活动外，他还亲自参与北大国际MBA2007级学生到河北赤城地区的近20公里的徒步拓展活动。

西点严格的体能训练宗旨绝不是培养四肢发达、头脑简单的运动健将，而是培育一种战士的精神和对使命与责任永不放弃的品质，这为“战争”爆发那个时刻播下了胜利的种子。北大国际MBA毕业生参观西点军校后难以忘却的印象之一，就是西点士官生的精神面貌和强壮的体魄。负责西点军校4000名士官生体能训练、被西点校方在2007年授予“剑之王”的戴纽斯上校，在访问中国时对北大国际MBA的学生，讲述了西点军校领导力培育中体能训练和课程设置的重要意义。

西点军校的校训是教育、培养并感染西点士官生，并使他们铭记“责任、荣誉、国家”，成为有品格、有勇气、精神刚毅、体能强壮的领导人。为此目的，西点军校不仅对士官生有严格的学术、道德、理念和军事技能要求，还特别注重视通过体能锻炼课程、健康生活讲座、肢体灵活性训练活动和系列的体能测试，提高西点士官生体能的素质、耐力、爆发力、团队协作能力，和在危机状况下的领导力与生存能力。体能锻炼课程除拳击、柔道、攀岩、体操、生存游泳等竞技性体能活动和比赛外，每个士官生必须参加体能训练的各种考核，以达到学校制定的标准。

总之，锻炼身体的过程其实也是一个训练身心的过程，因为这其中蕴含着坚持、忍耐、勇气等，如果我们能把身体的锻炼当成一项长期的活动，那么我们的意志力也会在无形中得到提高。

身体是革命的本钱，进行体育锻炼不仅有利于我们强身健体，更能磨炼我们的心智，让我们的体能、心智、精神三者在互动的过程中终将达到完美的平衡。

运动是排解压力的好方法

现实生活中，许多人会面对工作、生活、学习等方方面面的压力，不良情绪常常不期而至。对此，有些人选择向他人发泄，有些人选择闷在心里，也有的人感到无所适从。殊不知，运动是排解压力的一种行之有效的好方法。

孙女士是一位医生。自年初医院对主任们实行末位淘汰制以来，孙女士的心理压力很大，经常感到头昏脑涨、四肢乏力、心浮气躁，脾气也越来越不好。半年以后，她人瘦了不少，气色也不再红润，有人说她得了抑郁症。近几个月，同事们普遍反映：以前那个心浮气躁、总感不适的她摇身变成了稳重大度、耐心敬业的人。是什么让她放下压力、乐观地去工作与生活？孙女士说，是运动，自从每天练瑜伽、散步，她感到浑身有使不完的劲。

生活中，像孙女士一样存在心理问题的人并不少见。生活中的种种问题让他们情绪不佳，但却不知如何宣泄。其实，运动就是一个很好的方法。据统计，有50%的人一周中至少有一天会感到疲惫。美国乔治亚州大学的研究者通过对70项不同研究分析得出：让身体动起来可以增加身体能量、减少疲累感。

我国著名的地质学家李四光，在著名的伯明翰大学学习期间，正值第一次世界大战爆发。以英、法、俄为一方的协约国和以德、意、奥为一方的同盟国，为重新瓜分世界，争夺殖民地，展开了生死大战。一时间，生活物资日益短缺，物价开始上涨，生活极度困难，许多留学生已无法忍受，纷纷离开英国。但李四光硬是凭着顽强的毅力和从小养成的坚忍精神，节衣缩食，克服了种种困难，把学习坚持了下来。他常常利用假期，跑到矿山做临时工，赚钱维持生活，继续完成学业。

在这样艰难的时候，他乐观旷达，劳逸结合，偶尔在假日走进公园，看看名胜古迹，并利用业余时间学会了拉小提琴，成了终生的爱好。

的确，一个真正会学习的人不会打疲劳战，而是懂得通过身体锻炼来调节。不知你有没有这样的体验：当情绪低落时，参加一项自己喜欢又擅长的体育运动，可以很快地将不良情绪抛之脑后。这是因为体育运动可以缓解心理焦虑和紧张程度，分散对不愉快事件的注意力，将人从不良情绪中解放出来。另外，疲劳和疾病往往是导致人们情绪不良的重要原因，适量的体育运动可以消除疲劳，减少或避免各种疾病。

我们都会产生一些负面情绪，都有心情不好的时候，比如，我们会愤怒，此时，有人在愤怒时通过摔东西来发泄，甚至在国外有这样的商业服务。人在摔东西时的体力活动可以缓解愤怒、不满和烦恼等负面情绪。

然而，摔打东西并不是单一的选择，我们还可以通过体力活动来缓解，体力活动时肌肉工作本身也同样具有调节情绪的作用。心情不好的时候找个场地锻炼锻炼身体，身心都获益。如能有朋友一起陪伴锻炼，调节情绪的效果会更好。

大脑掌管人类情绪、认知和运动等功能的区域不同，一个区域兴奋，其他区域相对抑制。因此体育锻炼可以使大脑中情绪过度兴奋的区域安静下来，不快的负面情绪逐渐缓解。

对大多数人来说，日常生活中，只要我们能多参加运动，适当调节自己的心情，就能获得快乐的心情、赶走不快的情绪。因为运动的效果是积极的，它可以激发人的积极的情感和思维，从而抵制内心的消极情绪。此外，运动时能促进大脑分泌一种化学物质——内啡肽。内啡肽可以帮助我们降低抑郁、焦虑、困惑以及其他消极情绪，通过改善体能，也能增强自我掌控感，重拾信心。

运动分成有氧运动和无氧运动两种，无氧运动一般都是短时间高强度的，对人的意义不大，弄不好还容易伤到自己。最好还是有氧运动，对人不但有锻炼身体的效果，而且还能调节情绪问题，可以有效地应对情绪中暑。

然而，却有人说，运动会出汗。运动当然是会出汗，这是毋庸置疑的，但除了汗水之外，我们收获的会更多，我们的身心会在汗水中得到释放。再者，并不是所有的运动都和人们想象的一样出很多汗，就比如游泳，夏天，最好的运动方式莫过于游泳。当然，无论哪种运动，出点汗都是好事，出汗之后，只要能迅速补充体液补充矿物质，再加上一个热水澡，那么剩下的就是舒舒服服的感觉了。尤其是在经过了一段时间的剧烈的运动后，那些所谓的烦恼都被抛到九霄云外去了，你会觉得身心畅快。有科学研究表明，运动后人体内会产生一些类似于兴奋剂的物质，让人感到愉快。

当然，体育锻炼不是劳作，而是快乐的追求。运动时刺激大脑内类似于吗啡作用的物质分泌，所以人们运动后可以体验到一种享受的感觉。这是人体体育锻炼的内在推动力，不喜欢运动的人感觉运动是个负担，那是因为他们还没通过坚持体育锻炼调动起这种体验。

亲近大自然、新鲜空气和阳光，享受亲情、友情和团队的支持……很多与运动有关的外在因素推动锻炼的人们感受快乐。

安排体育锻炼计划，就如同安排一个感受快乐的时间表，让运动的快乐预期而至，健康不会远离，生活中的种种美好也会陪伴在左右。

体育锻炼作为一种健康、积极的生活方式在增强人们体质、提高人体健康水平中发挥着不可替代的作用。而最为重要的是，健康的身体机能能起到调节心理的作用，因此，当你心烦意乱、心情压抑时，适度运动可带来好心情。虽然运动对于人排解不良情绪有益，但应该把握适当的度，否则会对大脑机能造成损害。并且，你要选择自己喜欢的运动，这样才能有恒心持久地锻炼下去。

适度而为，别超出承受的底线

我们都知道，体育锻炼是一种健康的、积极的生活方式，它在提高人体健康水平中发挥着不可替代的作用。研究证实，科学的运动健身可以促进人体生长发育，提高人体机能水平；缓解心理压力，保持心情舒畅；降低心血管病、糖尿病等慢性病发生概率；延缓衰老过程，使人延年益寿。然而，我们的肌肉是有极限的，任何一个人，即使进行体育锻炼，本意都是为了强身健体、放松心情，如果过度，就会适得其反，让我们的身体受到损耗。

实际上，和我们的身体一样，我们的自控意识是也有底线和极限的。诚然，现代生活时刻需要自控，这会榨干你的意志力。我们只有一定量的意志力，一旦你将它消耗殆尽，你在诱惑面前就会毫无防备力，至少会处于下风。我们先来看下面一个案例：

尹娜是一名大三的学生，马上她就要参加她所在城市的模特大赛，但令她苦恼的一点是，她虽然身高足够，但体重却严重超标，她知道，以她这样的身形，是不可能胜出的。报名那天，她看到那些身材纤瘦的女孩，她暗暗下决心，一定要在一个月内瘦掉20斤。

怎么减肥呢？她听说，只节食并不能起到作用，一定要运动，于是，她去某健身会所办了会员卡。一下课，她就泡在健身房里，她决定每天要花8个小时运动。

刚开始的几天，尹娜浑身是劲，一想到自己未来可能成为一名名模，她可以不吃不喝锻炼。看到她的锻炼模式，教练对她说："其实你没有必要这样，你会垮掉的。"

"没事，要瘦就必须要吃苦。"

看到尹娜这么坚持，教练也不好多说什么。后来，教练发现，尹娜面色枯黄，好像营养不良，原来尹娜不仅进行高强度锻炼，还不怎么吃饭。

果然，就在模特大赛开始的前一天，尹娜倒在了健身房，被其他会员送到了医院，她的模特梦破灭了。

这则案例中，尹娜虽然减肥心切，但却忽视了一个问题，人的身体是有一定承受能力的，即使进行体育锻炼，也要适可而止，为了减肥而进行超出身体极限的运动，只会让自己出现一些身体故障。

诚然，无论做任何事，我们都要有自控力，自控力就是人们为了适应环境、与人合作、维持关系，进而更好地生活而进化出来的人脑功能。意志力是一种抑制冲动的能力，它使我们成为了真正的人。但自控力也和我们的身体一样，也是有极限的。事实上，那些冠军运动员、获得非凡成功的生意人以及诺贝尔奖科学家，他们都知道这个道理，他们也不会对自己太过苛刻，他们也允许自己偶尔偷偷懒，允许自己犯错误。虽然他们在为一些远大的目标而奋斗，但是他们也能够容忍有时不能达成这些目标时的挫折和失望。他们知道自己能够继续努力、改善工作。

然而，那些自控意识太强的人明明知道不可能做到所有事情，不可能24小时工作或学习，他们却常常对自己有不现实的要求，当无法实现这样的要求时，就会变得不知所措。失望之余，他们的意志力也会出现反弹，变得薄弱下来。

2006年2月27日，上海社会科学院亚健康研究中心举办的“过劳死”问题学术研讨会上，上海社科院社会学所助理研究员刘漪对最近发生的92个过劳死案例进行分析，发现近年来“过劳死”发病率直线上升，男性人群居多。科教、IT、公安和新闻行业“过劳死”人群的平均年龄已在44岁之下，成为重灾区。IT阶层“过劳死”年龄最低，只有37.9岁。

IT业凭什么摘得这顶“黑色桂冠”？IDC华东总监张明认为，这是由IT行业产品更新快决定的。“听见过作家有过劳死吗？很少——因为他们写一部作品，会有很长的时间酝酿，有充分的时间劳逸结合。”

如今，“亚健康”这个词早已出现在我们的生活里，很多人之所以会出现亚健康，我们不能否认存在这样的一个原因：他们对自己要求过高，他们承受着超出他们身体能接受的工作和学习强度。亚健康是一种临界状态，处于亚健康状态的人，虽然没有明确的疾病，但却出现精神活力和适应能力的下降，如果这种状态不能得到及时的纠正，非常容易引起身心疾病。而亚健康，正在引起着人们的重视。

再举个很简单的例子，有购物热情的那些人如果长期压抑自己的购物欲望，他们会进行偶尔一次的大扫货，甚至购买他们根本不需要的东西，这就是一种情绪失控。再比如，长时间抵抗甜食的诱惑反而会让人更想吃巧克力。

也许你会问，那么我该如何解决这一问题呢？其实，这还是意志力的问题。如果你觉得自己没有时间和精力处理“我想要”做的事，就把它安排在你自控力最强的时候。如果你想彻底改变旧习惯，最好先找简单的方式训练自己的自控力。自控力的疲惫感并不一定真实，“困难的事”和“不可能做到的事”是有区别的。只要你愿意，你就有意志。

事实上，很多你认为不需要意志力的事情，其实也都要依靠这种有限的能量，甚至要消耗身体能量。每当你试图对抗冲动的时候，无论是避免分散意志力、权衡不同的目标，还是让自己做些困难的事情，你都或多或少使用了意志力。甚至很多微小的决定也是这样的。

自控力就像肌肉一样有极限，它被使用后会渐渐疲惫。如果不让肌肉休息，就会完全失去力量，自控力也一样。为什么自控力和肌肉一样有极限？自控力会消耗能量，从早上到晚上会逐渐减弱，和肌肉一样有极限，但坚持训练能增强自控力。

第12章

克服拖延心理：改变拖拉的懒惰意识

拖延症正消磨你内心的烛火

我们都知道，成功人士的优秀品质有很多，而做事绝不拖延肯定是其最重要的品质之一。我们生活中的每个人，要想实现自己的梦想，就必须养成立即执行、拒绝拖延的习惯，因为拖延症会逐渐消灭你内心的烛火。

我们知道，任何伟大的理想不经过实践和行动的证明，都将是空想。说一尺不如行一寸，也只有行动才能缩短自己与目标之间的距离，只有行动才能把理想变为现实。成功的人都把少说话、多做事奉为行动的准则，通过脚踏实地的行动，达成内心的愿望。无论是谁，纵使满腔热血和理想，如果不行动的话，都将与成功无缘。年轻的你如果不行动而任凭时间消逝的话，恐怕只能叹“逝者如斯夫，不舍昼夜”，并将一事无成！

相信这成功一跃之后的兴奋之情是无法言喻的。行动产生了信心，行动才有一切。立即行动，而不是寻找任何的借口逃避，这样的人才能最终赢得胜利女神的垂青。洛克菲勒曾说：“不要等待奇迹发生才开始实践你的梦想。今天就开始行动！”行动就是执行力，也就是，当你树立了一个理念后，就要立即执行，不要恐惧，不要拖延，否则，成功的机遇就可能在瞬间流失。生活中，那些成功人士都无不有个共同的特点，那就是敢作敢为，而非迟疑不定。乐安居董事长张庆杰就以700元起家成为亿万富翁。

张庆杰小学读完后就辍学了，他不不得赚钱补贴家用。刚开始，他靠卖水果营生。

1987年，张庆杰产生了要出去闯荡的念头，于是，他带着700元到深圳淘金。来到深圳，人生地不熟的他仍然卖水果。他骑3个小时单车到深圳南头批发香蕉，再到人民桥小商品市场去卖，就这样他一天能挣几块钱。

在卖水果的过程中，他也留意周围一些做生意的门道。一次，他从老乡那里听说，深圳有很多村民到香港种菜，每天都会捎回一些味精、无花果等。这些东西利大又好卖。张庆杰感到这是个赚钱的门路。于是，他开始做起了收购无花果、衣服、袜子的生意，这些东西收购之后，再拿到市场去卖。由于价格合理，张庆杰买回的东西不到一小时就卖完了，生意也不错，后来，他将这项生意做大：他把东西一脱手，他就马上再去收购，然后再卖……1987年，他赚到了16000元。有了这笔钱，他开始摆地摊。后来，他经营过服装，又从服装业转向珠宝，事业才开始大发展。

可能很多人会问，用700元能做什么？但这个问题也只有在实践和行动中才能找到答案，张庆杰也是这样做的，他从自己最熟悉的水果生意做起，艰苦奋斗，积累资金，寻找机会。

张庆杰的做法很值得我们借鉴。在行动开始之前，不要想得太多，成功的道路是闯出来的，不是设计出来的，你只需带着一颗努力的野心上路就可以了。最有价值的思想是在实践中产生的，不是在开始行动之前产生的，在行动的过程中要勤于思考，勤于寻找机会，果断地把自己的思想变成行动。同样，生活中，当我们拥有一个理想或计划后，就要果断执行，不要给自己太多借口左思右想而延误行动。

事实上，生活中，每个人都有懒惰的心理，这是人类的天性。只是有些人能克服自己的惰性，并能以勤奋代之，最终取得成功；而有些人则任由懒惰这条又粗又长的枯藤来缠着自己，阻挡着自己的前进。

绝不拖延首先是一个态度问题，只要你坚持采用这种态度，久而久之就形成了一种习惯，最后，这种习惯会融入你的生命，成为你展现个人魅力的优秀品质。正如持续改善的正面力量一样，拖延的反面力量同样强大。每天进步一点点，持之以恒，水滴石穿，你也必将能成就自我。而每天拖延一点点，你的惰性会越来越大，长久下去，你将跌入万劫不复的深渊。

曾经有一个关于寒号鸟的传说。

这种鸟很特别，它长着四只脚，两只光秃秃的肉翅膀，不会像一般的鸟那样拥有轻盈的翅膀，不会在天空飞行。其实，寒号鸟原本不是这样的。

很久以前的一个夏天，寒号鸟比其他鸟类更漂亮，它全身长满了洁白的、美丽的羽毛，因此，它很骄傲，认为自己已经是最漂亮的鸟了，甚至不把鸟类之王——凤凰放在眼里，它每天也不干活，只是炫耀自己的美貌。

很快，秋天来了，所有的鸟类都各自忙开了，有的开始飞向南方避寒，也有的在准备过冬的食物。而只有寒号鸟，既没有飞到南方去的本领，又不愿辛勤劳动，仍然是整日东游西荡的，还在一个劲地到处炫耀自己身上漂亮的羽毛。

一眨眼，冬天终于来了，大雪纷飞，所有的鸟类都躲起来过冬了，但寒号鸟，却饥寒难耐，而且，它身上的美丽的羽毛也都掉光了，它更冷了，它只有躲在石缝中避寒，它不停地叫着："好冷啊，好冷啊，等到天亮了就造个窝啊！"等到天亮后，太阳出来了，温暖的阳光一照，寒号鸟又忘记了夜晚的寒冷，于是它又不停地唱着："得过且过！得过且过！太阳下面暖和！太阳下面暖和！"

终于，整个冬天，寒号鸟都这样凄惨地过着。等到春天来的时候，其他鸟类飞来石缝旁边时，寒号鸟已经冻死了。

这个寓言故事同样说明了拖延就是对我们宝贵生命的一种无端浪费。鲁迅说过："伟大的事业同辛勤的劳动成正比，有一分劳动就有一分收获，日积月累，从少到多，奇迹就会出现。"勤奋源于执着，永不放弃，永不松懈。假如你渴望成功，那就抓住今天，立即行动！清朝人文嘉也曾写过《今日歌》：今日复今日，今日何其少，今日又不为，此事何时了？人生百年几今日，今日不为真可惜！若言姑待明朝至，明朝还有明朝事。为君聊赋《今日诗》，努力请从今日始。人生中没有比今天更重要的日子，生活在今天，做好今天的事，抓住现在，每天进步1%，你就离成功近了一步。

拖延是一种习惯，立即行动也是一种习惯，不好的习惯一定要用好的习惯来代替。如果拖延的事情迟早要做，为什么要等一下再做？也许等一下就会付出更大的代价。那么，请写下来，有哪些事情是你最喜欢拖延的，现在就要下决心将它改变。不管你现在要做什么事，请你不要拖延，立即行动。这样就能变被动为主动，抓住机会，把事情做得更好。

杜绝借口，不让懒惰战胜勤奋

生活中，每个人都有懒惰的心理，这是人类的天性。只是有些人能克服自己的惰性，并能以勤奋代之，最终取得成功；而有些人则任由懒惰这条又粗又长的枯藤来缠着自己，阻挡着自己的前进。前者就是那些有自控能力的人。从古至今，我们发现，任何一个能做到99%勤奋的人都能最终取得成功。李嘉诚就是最好的例子。

有位记者曾问亚洲首富李嘉诚：“李先生，您成功靠什么？”李嘉诚毫不犹豫地回答：“靠学习，不断地学习。”不断地学习知识，是李嘉诚成功的奥秘！

李嘉诚勤于自学，在任何情况下都不忘记读书。青年时打工期间，他坚持“抢学”，创业期间坚持“抢学”，经营自己的“商业王国”期间，仍孜孜不倦地学习。李嘉诚一天工作十多个小时，仍然坚持学英语。早在办塑料厂时就专门聘请一位私人教师每天早晨7点30分上课，上完课再去上班，天天如此。当年，懂英文的华人在香港社会是“稀有动物”。懂得英文，使李嘉诚可以直接飞往英美，参加各种展销会，谈生意可直接与外籍投资顾问、银行的高层打交道。如今，李嘉诚已年逾古稀，仍爱书如命，坚持不断地读书学习。

一个人不可能随随便便成功，李嘉诚向每个渴望成功的人展示了这个道理。我们每个人都惊羡于李嘉诚式的成功，但却做不到李嘉诚式的努力与勤奋。那么，你不妨问问自己：你能和李嘉诚一样勤奋吗？你是不是经常为自己的懒惰找借口？如果你的回答是否定的，那么，你就知道症结所在了。也许，有些人会说，我不够聪明。而实际上，即使智慧，也源于勤奋。没有人能只依靠天分成功。自身的缺点并不可怕，可怕的是缺少勤奋的精神。勤奋面前，再艰巨的任务都可以完成，再坚定的山也都会被“移走”。滴水能把石穿透，万事功到自然成。唯有勤劳才是永不枯竭的财源。

事实上，懒惰是刚强者的宿敌，许多懒惰的人在心理态度方面都有问题。他们吝于在工作或职业上使出全力，觉得如果尽力而未能成功，就会很丢面子。他们的理由是，既然未曾尽力，那么失败了也可以振振有词，不愁找不到借口。他们并不觉得失败，因为他们从未认真地去做过。他们时常耸耸肩膀说：“这对我没有什么两样。”而这样的人，是终将一事无成的。

古人云：“业精于勤，荒于嬉；行成于思，毁于随。”这句话告诉你们：学业由于勤奋而精通，但它却荒废在嬉笑声中，事情由于反复思考而成功，但他却能毁灭于随随便便。古任何人，即使是天才，如果不克服懒惰，也会变成一个懒汉。王安石笔下的仲永最终沦为普通人就证明了这一点。

生活中，可能很多人会总是把“不”“不是”“没有”与“我”紧密联系在一起，其潜台词就是“因为……我没有……”而这，实际上只不过是在为自己寻找懒惰的借口，也是没有责任感的表现，一个没有责任感的员工，不可能获得同事的信任和支持，也不可能获得上司的信赖和尊重。如果人人都寻找借口，无形中会提高沟通成本，削弱团队协调作战的能力。

勤奋可以使聪明之人更具实力，而相反，懒惰则会使聪明之人最终江郎才尽，最终成为时代的弃儿。

也许有人会说，我还年轻，有大把的时间，但你可能没有意识到的是，现在的你还是聪明的，但如果你不继续学习，就无法使自己适应急剧变化的时代，就会有被淘汰的危险。而学会了克服懒惰并能不断学习，一切都会随之而来。只有善于学习、懂得学习的人，才能具备高能力，才能够赢得未来。

那么，我们该如何用勤奋战胜懒惰呢？

（1）紧紧抓住时间骏马的缰绳学习。只有最充分地利用好当前的时间，才不会有“白首方悔读书迟”的遗憾。伤逝流年，好像是在珍惜时间，其实是在浪费今日之生命。也不要沉浸在未来美好向往中而放松了眼前的努力。山上风景再好，如不一步一步地努力攀登，是永远不会登上“险峰”而一览“无限风光”的。

（2）学会肯定自己，勇敢地把不足变为勤奋的动力。学习、劳动时都要全身心投入争取最满意的结果。无论结果如何，都要看到自己努力的一面。如果改变方法也不能很好地完成，说明或是技术不成熟，或是还需完善其中某方面的学习。你的扎实的学习最终会让你成功的。

（3）列出你立即可做的事。从最简单、用很少的时间就可完成的事开始。

（4）每天从事一件明确的工作，而且不必等待别人的指示就能够主动去完成。

（5）每天至少找出一件对其他人有价值的事情去做，而且不期望获得报酬。

克服懒惰，正如克服任何一种坏毛病一样，是件很困难的事情。但是只要你决心与懒惰分手，在实际的生活学习中持之以恒，那么灿烂的未来就是属于你的！

曾经有人说：“懒惰是最大的罪恶，上帝永远保佑那些起得最早的人。”懒惰是现代社会中很多人共同的缺点，他们总是为自己的懒惰找借口，而正是因为如此，他们最终也丧失了很多成功的机会。因为人的一生，可以有所作为的时机只有一次，那就是现在。的确，一个人只有坚持“不找借口找方法”的信念，才能对自己的事业有热情，不管遇到什么事，都能以办法代替借口。

面对惰性行为，有的人混混噩噩，意识不到这是懒惰；有的人寄希望于明日，总是幻想美好的未来；而更多的人虽极想克服这种行为，但往往不知道如何下手，因而得过且过，日复一日。但实际上，只有那些能与惰性作斗争并最终克服惰性的人，才与成功有缘。

马上行动，迅速调整为战斗模式

生活中，很多人想成功，但只愿意做很少的努力。而那些成功者之所以会成功，是因为他们即使害怕也会行动，而大多数人正是因害怕而没有作为。约翰·沃纳梅克——美国出类拔萃的商业家这样说过：“没有什么东西你是想得到就能得到的。”成功的人与那些蹉跎人生的人的最大区别，就是——行动！如果你能追溯那些成功人士的奋斗之路，你就会感叹：“难怪他会做得这么好！”怎么样的行动能获得最大的成功呢？是马上行动！

现代社会，无论是职场还是商场，其竞争度的激烈恰如战场，假如你也渴望成功，那么你就应该牢牢地记住，对于执行力的天敌——拖延，我们一定要有自控能力，因为执行力就是竞争力，成败的关键在于执行。美国钢铁大王安德鲁·卡内基在未发迹前的年轻时代，曾担任过铁路公司的电报员。

有一天，正值放假，但卡内基需要值班。就在这个平凡的值班日，却发生了一件意想不到的事。

躺在椅子上休息的卡内基突然听到电报机嘀嘀嗒嗒传来的一通紧急电报，吓得从椅子上跳起来。电报的内容是：附近铁路上，有一列货车车头出轨，要求上司照会各班列车改换轨道，以免发生追撞的意外惨剧。

这可怎么办？现在是节假日，能下达命令的上司不在，但如果不现在决策的话，就会产生一些不可预料的恶果。时间也慢慢过去了，事故可能就在下一秒发生。

卡内基不得已，只好敲下发报键，冒充上司的名义下达命令给班车的司机，调度他们立即改换轨道。避开了一场可能造成多人伤亡的意外事件。

当做完这一切后，卡内基心里也开始紧张起来，因为按当时铁路公司的规定，电报员擅自冒用上级名义发报，唯一的处分是立即革职。但又一想，这一决定是对的。于是在隔日上班时，写好将辞呈放在上司的桌上。

但令卡内基奇怪的是，第二天，当他站在上司办公室的时候，上司当着卡内基的面，将辞呈撕毁，拍拍卡内基的肩头："你做得很好，我要你留下来继续工作。记住，这世上有两种人永远在原地踏步：一种是不肯听命行事的人；另一种则是只听命行事的人。幸好你不是这两种人的任何一种。"

卡内基之所以成功，是因为他有成功者的品质，这一点，在他未发迹就已经显现出来了。可见，成功者之所以能够成功，就取决于他是否能控制住自己拖延的心，是否有立即执行的习惯。反之亦同，失败者之所以导致失败，乃在于他们一直为自己的拖延找借口。

有人说世界上的人分别属于两种类型。成功的人都很主动，我们叫他"积极主动的人"；那些庸庸碌碌的普通人都很被动，我们叫他"被动的人"。仔细研究这两种人的行为，可以找出一个成功原理：积极主动的人都是不断做事的人。他真的去做，直到完成为止。被动的人都是不做事的人，他会找借口拖延，直到最后他证明这件事"不应该做""没有能力去做"或"已经来不及了"为止。

有人说天下最悲哀的一句话就是：我当时真应该那么做却没有那么做。每天都可以听到有人说："如果我在那时开始那笔生意，早就发财了！"或"我早就料到了，我好后悔当时没有做！"一个好创意如果胎死腹中，真的会叫人叹息不已，感到遗憾，如果真的彻底施行，当然也会带来无限的满足。

的确，每天都有几千人把自己辛苦得来的新构想取消或埋葬掉，因为他们不敢执行。过了一段时间以后，这些构想又会回来折磨他们。如果你不想让自己成为这些人中的一员，那么，就从现在开始行动吧！

那么，该怎样克服拖延的坏习惯呢？以下几点可供我们参考：

1.正确面对自己的坏习惯

承认自己有拖延的习惯，有意愿克服才能成功解决问题。

2.找到拖延的原因

很多人迟迟不敢动手，是因为害怕失败，如果是这一原因，那么你就应强迫自己做，假想我这件事就非做不可，这样你终会惊讶事情竟然做好了。

3.严格要求自己，磨炼自己的毅力

爱拖延的人多半都是意志薄弱的，当然磨炼自己的意志并非一朝一夕就能做到的，需要你从小的、简单的事做起，并坚持下来。

4.别总为自己找借口

例如“时间还早”“现在做已经太迟了”“准备工作还没有做好”“这件事做完了又会给我其他的事”等，不一而足。

5.坚持到最后，找到成就感

这样很容易让人对事情产生厌烦感。应该做到告一段落再停下来，会给你带来一定的成就感，促使你对事情感兴趣。

6.要端正态度，直面责任

“积极高昂的态度能使你集中精力完成自己想要的东西”。在工作中，应始终保持平常心态，在任何时候，工作和责任始终捆绑在一起，工作越好，责任越大，没有工作也就无所谓责任，要敢于负责。

一个人之所以懒惰，并不是能力的不足和信心的缺失，而是在于平时养成了轻视工作、马虎拖延的习惯，以及对工作敷衍塞责的态度。要想克服懒惰，必须要改变态度，以诚实的态度，负责、敬业的精神，积极、扎实的努力，才能做好事情。

计划与目标会让心更有方向

自古至今，大凡成功者，无不具备一项品质，那就是拥有不被打倒的意志力。他们从不拖延，但让他们成功的最为重要的原因还有一点，那就是有计划、有目标，不打无准备之战。相反，那些失败者之所以迟迟不准备，是因为他们不知道自己从哪里着手，一个人看不到前方的路，看不到希望，又怎么有信心、有决心成功呢？

因此，我们需要知道的是，目标与计划会让心更有方向，否则我们只能像一只无头苍蝇四处乱撞，无论我们怎么努力，最终都会以失败告终。

20世纪80年代，美国有一家著名的机械制造公司叫维斯卡亚公司，这家公司生产的产品远销全世界，因此，它实力雄厚，并代表着当今重型机械制造业的最高水平。大公司门槛高是有道理的，很多毕业生都到这家公司求职，但都被无情地拒绝，因为该公司的高技术人员爆满，不再需要各种高技术人才。但丰厚的待遇和令人羡慕的社会地位还是让很多人削尖了脑袋前来求职。

这群求职者里有个叫史蒂芬的人，他是哈佛大学机械制造业的高材生。和许多人的命运一样，在该公司每年一次的用人测试会上被拒绝。史蒂芬并没有死心，他发誓一定要进入维斯卡亚重型机械制造公司。于是，他决定先“混”进去这家公司再说。他先找到公司人事部负责人，提出可以无偿为这家公司提供劳动力，只要能让他在这家公司，哪怕不计报酬，并能完成公司安排给他的任何工作。这位负责人，起初觉得这简直不可思议，但考虑到不用任何花费，在利益的引诱下，这位负责人便答应了，并安排他去车间扫废铁屑。

这份工作是没有报酬的，史蒂芬还得养活自己，于是，一年的时间，他白天在这家公司勤勤恳恳地工作，晚上还得去酒吧打工。

令史蒂芬失望的是，虽然他得到了所有同事和负责人的认同和好感，但公司却并没有提及正式录用他的事。但机会很快来了。那是20世纪90年代初，公司的许多订单纷纷被退回，理由均是产品质量问题，为此公司蒙受了巨大的损失。公司董事会为了挽救颓势，紧急召开会议商议对策。当会议进行很长时间却未见眉目时，史蒂芬果断地闯入会议室，提出要见总经理。

在会上，史蒂芬慷慨陈词，对公司出现这一问题的原因作了令人信服的解释，并且就工程技术上的问题提出了自己的看法，随后拿出了自己对产品的改造设计图。这个设计非常先进，恰到好处地保留了原来机械的优点，同时克服了已出现的弊病。总经理及董事会的董事见到这个编外清洁工如此精明在行，便询问了他的背景以及现状，而后，史蒂芬被聘为公司负责生产技术问题的副总经理。

原来，史蒂芬这是退而求其次的一种办法，当他被拒绝后，他想法设法留在这家公司，是为了更彻底地了解这家公司。于是，他在做清扫工时，利用清扫工到处走动的特点，细心察看了整个公司各部门的生产情况，并一一作了详细记录，发现了所存在的技术性问题并想出了解决的办法。为此，他花了近一年的时间搞设计，获得了大量的统计数据，为会上的出色表现奠定基础。

史蒂芬为什么能一举成功，让公司高层领导对其能力加以肯定并由一名小小的清洁工成功晋升为技术问题副总经理，原因很简单，他懂得厚积薄发，伺机而动，因为他做足了充分的准备工作，在该公司最需要自己的时候及时出现，以自己过硬的专业知识帮其解决了这项技术问题。我们设想一下，假如他空有为公司担当的勇气而没有一个完备的表现自己的计划，没有过硬的实力，那恐怕这种表现只会适得其反。

因此，在追求其成功的过程中，我们若想克服拖延的习惯，就必须要让你的心更有方向，也就是说，在下定破釜沉舟的决心前，我们还要有缜密的思维和计划。机遇也总是会留给那些有准备的人。

如果你梦想成为知识性专家，那就立刻看看自己适合于研究什么专业，立刻分析现在社会的前沿信息是什么，立刻专心于读书学习，那就立刻开始，选书目、定方向、写笔记，立刻开始阅读，不要拖延时间；如果梦想成为一流的营销员，成为亿万富翁，那就立刻开始研究，产品、市场、人脉、营销，立刻拿起电话，立刻买上车票，立刻奔赴营销第一线；如果梦想成为政治家，那就立刻学会演讲、学会写作、学会协调，立刻研究人脉、研究社会、研究管理……

那么，具体来说，我们该怎么做呢？

1.制定完善的计划和标准

要想把事情做到最好，你心中必须有一个很高的标准，不能是一般的标准。在决定事情之前，要进行周密的调查论证，广泛征求意见，尽量把可能发生的情况都考虑进去，以尽可能避免出现哪怕1%的漏洞，直至达到预期效果。

2.制定内容详尽且在实际能力范围之内的计划。

如果你想学习英语，那么你不妨制定一个学习计划，安排星期一、星期三和星期五下午5:30开始听20分钟的英语录音磁带，星期二和星期四学习语法。这样一来，你每个星期都能更实在地接近、实现你的目标。

3.做事要有条理有秩序，不可急躁

急躁是很多人的通病，但任何一件事，从计划到实现的阶段，总有一段所谓时机的存在，也就是需要一些时间让它自然成熟的意思。假如过于急躁而不甘等待的话，就会经常遭到破坏性的阻碍。因此，无论如何，我们都要有耐心，压抑那股焦急不安的情绪，才不愧是真正的智者。

4.立即行动，勤奋才能产生行动

我们都知道勤奋和效率的关系。在相同条件下，当一个人勤奋努力工作时，他所产生的效率肯定会大于他懒散工作的状态。高效率的工作者都懂得这个道理，所以，他们能够实现别人几辈子才能够达到的目标。

人生不能没有目标，如果没有目标，你就会像一艘黑夜中找不到灯塔的航船，在茫茫大海中迷失了方向，只能随波逐流，达不到岸边，甚至会触礁而毁。而在做任何一件事前，我们也都必须做好计划，计划是为实现目标而需要采取的方法和策略，只有目标，没有计划，往往会顾此失彼，或多费精力和时间。我们只有树立明确的目标，制定出详尽的计划，才能投入实际的行动，才能收获成就感和满足感。

第13章

超越自私本能：拓展胸怀，提升境界

你可以拥有更广阔的胸怀

有人曾说，世界上最宽阔的是海洋，比海洋更宽阔的是天空，比天空更宽阔的是人的胸怀。人与人交往中，难免会产生一些人际冲突，你是心生愤恨，还是一笑而过？一个人是否具有宽广的胸怀，是判断这个人人品的重要标志之一。如果具备宽广的胸怀，这个人无论何时何地都会受到大家的欢迎，如果这个人心胸狭窄、小肚鸡肠，那么这个人则很难拥有良好的人际关系。胸怀是做人的肚量，也是一种境界。宰相肚里能撑船的故事就说明了这一人生哲理：

三国时期的蜀国，有一段时间，也就是诸葛亮去世后，是由蒋琬主持朝政的，他很受朝廷和百姓的爱戴。

曾经，他的属下有一个叫杨戏的人，性格内向，不善言谈，即使是上司蒋琬与他谈话，他一般也只是点头不语，对此，很多人看不惯，甚至在蒋琬面前嚼舌根子："杨戏这人对您如此怠慢，太不像话了！"蒋琬坦然一笑，说："人嘛，各有秉性，他不喜欢在我面前赞扬我，也不喜欢在我面前让我下不来台，所以沉默应该是最好的选择吧。其实，这不正是他的可贵之处吗？"蒋琬的这种气度被后人赞为"宰相肚里能撑船"。

蒋琬的话是正确的，不同的人，有不同的秉性，真诚地表达自己，才是为人的可贵之处。世界上的任何人和事，也都没有绝对的是非善恶，宽容别人，就是尊重别人，即使别人犯了什么错，也不要一棍子将人打死，谁没有犯错的时候？

有句话说：“谨慎使你免于灾害，宽容使你免于纠纷。”宽容是一种高尚的善意，它能使人换位思考，处理好人际关系。若无宽恕，生命将永远被永无休止的仇恨和报复所控制。只有善于团结，才会得到友善的回报！历代圣贤都把宽恕容人作为理想人格的重要标准而大加倡导。《周易》中提出“君子以厚德载物”，荀子主张“君子贤而能容罢，知而能容愚，博而能容浅，粹而能容杂”。学会了宽容，同样也是学会了处世。人是社会的人，世间并无绝对的好坏，而且往往正邪善恶交错，所以我们立身处世有时也要有清浊并容的雅量。佛家有云：“精明者，不使人无所容。”我们常说的“得饶人处且饶人”，也是这个道理。事实上，宽容并不代表无能，却恰恰是一个人卓识、心胸和人格力量的体现，即所谓“海纳百川，有容乃大”。

有一天早上，在一所寺庙里，一位法师正好要开门出去，恰巧一个彪形大汉闯进来，狠狠地撞在法师的身上，并撞碎了法师的眼镜，谁知，这个大汉不但没有说道歉的话，反倒说：“谁叫你戴眼镜的？”

令大汉奇怪的是，法师不但没有生气，反而笑了笑，不语。于是，他问：“喂！和尚，为什么不生气呀？”

法师向大汉解释道：“为什么一定要生气呢？生气既不能使眼镜复原，又不能让脸上的瘀青消失，苦痛解除。再说，生气只会扩大事端，若对你破口大骂或打斗动粗，必定会造成更多的业障及恶缘，也不能把事情化解。”随后，法师继续说：“若我早一分钟或迟一分钟开门，都会避免相撞，或许这一撞也化解了一段恶缘，还要感谢你帮我消除业障呢。”

大汉听完这一番话后，十分感动。后来，他又问了许多佛的问题及法师的称号，在大师的一番教导之后，他若有所悟地离开了。

事情过了很久之后，一天法师接到一封挂号信，信内附有五千元钱，正是那位大汉寄的。

大汉为什么要给法师寄钱：原来，事情是这样的：大汉在读书时，不知勤奋努力，毕业之后，从事的工作也一直高不成低不就，十分苦恼。结婚后，因为不善待妻子，婚姻生活也不幸福。果然，有一天，他上班时忘了拿公事包，中途又返回家去取，却发现妻子与一名男子在家中谈笑，他冲动地跑进厨房，拿了把菜刀，想先杀了他们，然后自杀，以求了断。

不料，那男子惊慌地回头时，脸上的眼镜掉了下来，瞬间，他想起了法师的教诲，使自己冷静了下来，反思了自己过错。

现在他的生活很幸福，工作也得心应手了，妻子也觉得他变了一个人。因此，他特寄来五千元钱，一方面为了感谢法师的恩情，另一方面也请求法师为他们祈福消业。

法师的宽容带给了大汉觉悟，教会他用一颗宽容的心去对待别人。宽容是一条环环相扣的纽带，让我们彼此相连，让我们认清彼此，珍惜生命。宽容不仅需要"海量"，更是一种修养促成的智慧，事实上只有那些胸襟开阔的人才会自然而然地运用宽容。

日常生活中，令人烦恼的事情时有发生。有时，不经意间，它都会突然出现在你面前，使你感到不快和厌烦；有时，还有可能在你的心灵深处造成重创，甚至威胁你的生活。面对这些，你该如何对待呢？

那么，生活中的人们，我们该如何扩展自己的心胸呢？

1.树立共赢观与换位观的树立

在交往中，如果与人产生了摩擦，应当把自己和对方所处的位置关系交换一下，站在对方的立场上，以他的思维方式或思考角度来考虑问题。这样，当你本来想发怒的时候，通过换位思考，你的情绪就会变得平静下来；当你觉得对方不可理喻的时候，通过换位思考，你会真切的理解他此时此地的感受；通过换位思考，你也会变得宽容。比如，你可以尝试着说服自己：他之所以这样做，是有一定缘由的，我应该原谅他。然后慢慢地让自己接受现实，从心底理解和原谅他人，进而让仇恨情绪随着时间的推移逐渐淡去。

2.常反省

任何一种品质和修养，都是在不断改正与积累中形成的。你不妨每天问自己：今天我因为心胸狭窄与人争执了吗？我还有哪些地方做得不好？经常这样问自己，你的心便会越来越宽广！

3.懂得忍耐

很多时候，我们都需要宽容，宽容不仅是给别人机会，更是为自己创造机会。只有忘记仇恨，宽宏大量，才能与人和睦相处，才会赢得他人的友谊和信任，才会赢得他人的支持和帮助。念念不忘别人的“坏处”实际上最受其害的就是自己的心灵。

一只脚踩扁了紫罗兰，它却把香味留在那脚跟上，这就是一种胸怀，这是一种修养，一种坦荡，一种豁达。荷兰的斯宾诺沙说过：人心不是靠武力征服而是靠爱和宽容大度征服的。宽容犹如一缕阳光，亲切，明亮，使世界呈现出一片美好。

纠正自己的自私心理，多为他人考虑

在中国的《三字经》中，有这样一句耳熟能详的话——“人之初，性本善”，意思就是，人在刚刚降临到这个世界上时都是善良的。当然，也有人认为是“人之初，性本恶”，这是一套完全相反的言论。关于这两种观点，几千年来，人们一直争论不休却一直没有结果。其实，善恶都不是人的本能，如果人性本善，那么，为什么我们的生活还是有那么多的恶人恶事？如果说人性本恶，那就应该是恶恶相染，恶恶相承，这个世界就不应当有善人善事了，可实际上，我们的这个世界善人善事也一直是源源不断，到处都有。可见，人性本善或人性本恶的说法都是不能成立的。那么，人的本性到底又是什么呢？其实是自私。自私，顾名思义，指的是人们在做出某种行为前，他的出发点和终点从主观上来说是为了自己，也就是说，只要是一个正常的人，其一切行为都是为了自己。当然，主观为自己的同时，客观上也常常出现为别人的情况。

自古以来，人们常说：“人不为己，天诛地灭”，其实这是对“人本自私”的最好阐述，而其实，自私是人类立足于客观事件的某种需要，如果一个人从根本上放弃了自己的欲望或需求，其结果只能在人与人的竞争中和人与环境的抗争中，最终在精神上和肉体上被淘汰出局，即所谓“天诛地灭”。

我们不难发现，一个婴儿来到世间的第一声啼哭，就是渴望获得——我需要食物，我需要父母的养育。这何尝又不是人性的自私面呢？在他未经受家长、学校的教育，没有得到礼仪的熏陶前，他是不懂得“孔融让梨”背后的含义，他只知道吃。而实际上，“孔融让梨”又何尝不是为了获得某种需求呢，只不过这种需求不是物质上的，而是精神上的。

因此，我们可以总结出，人类的需求是多样性的，归结起来有物质的和精神的两大类；其次是人为自己谋利的方式也是多样性的，也可以归结为直接的和间接的两大类。人们有时偏重于物质需要，有时偏重于精神需要，有时是赤裸裸摘取需要（直接方式），有时是拐弯抹角获取需要（间接方式）。

然而，我们说人本自私，并不是人们都应该自私为人，实际上，人的自私本性如果不受节制地超过一定限度发挥，就会变成恶。为一己私欲而伤害他人，为一己私欲而走上万劫不复的道路，其实都是人的自私本性得不到应有节制而超过一定限度发挥的结果。任何一个社会人，都有必要控制自己的自私本性。对于那些明显自私的人，对于那些势利小人，人们都是拒绝与其交往的，谁愿意在自己的身边放一颗定时炸弹呢？也没有谁愿意被小人暗算。而如果我们能不求回报地帮助他人，那么就能有所回报，这也是培养友谊的基础。

从前，在一个深山内，有一个小山村，村里的每一个人都起早贪黑地种植稻谷，但不知为何，每年的收成却很低，根本不能解决温饱问题。

后来，有一个农民便走出大山，去寻找优质稻种，终于，他发现了高产量的稻种。果然，第一年试种，就收成很好。村民们看到他成功了，便想着能从他那里换一些稻种。可这个农民却想，如果大家的稻谷产量都提高了，自己不就不能发财了吗？于是，他拒绝了乡亲们的请求。

第二年，他还是用这个新得到的种子播种了，并且，他更加勤奋地耕种，谁知道，产量却很差。后来，他才明白，在稻谷授粉时，风将邻家的劣质花粉接种到他家的优质稻子上了。

此处，你肯定会笑话这个自私又愚昧的农夫。是的，自私狭隘是一切善良美好的事物身上的毒瘤，是成功与和谐的天敌。与之形成鲜明对比的是一种善于为他人着想的博大、无私的胸怀。

当然，自古以来，我们身边就不乏正直忠诚者。而这一品质，也正是他们获得荣誉、赢得赞扬的前提条件。

包拯性格严厉正直，对官吏苛刻之风十分厌恶，致力于敦厚宽容之政，虽然疾恶如仇，但没有不以忠厚宽恕之道推行政务的，不随意附和别人，不装模作样地取悦别人，平时没有私人的书信往来，亲朋故友的消息都断绝了。虽然官位很高，但吃饭穿衣和日常用品都跟做平民时一样。他曾说：“后世子孙做官，有犯贪污之罪的，不得踏进家门，死后不得葬入大墓。不遵从我的志向，就不是我的子孙。”

在宋代，人们喊他为“包待制”。京城称他说：“关节不到，有阎王爷包老。”哪里有不公，哪里就有包拯。以前的制度规定，凡是告状不得直接到官署庭下。而包拯打开官府正门，使告状的人能够直接到他面前陈述是非曲直，使胥吏不敢欺骗长官。

包拯在朝廷为人刚毅，人人敬之三分。那些宦官和权臣，都会有所收敛。任瀛州知州期间，各州用公家的钱进行贸易，每年累计亏损十多万银两，包拯上奏全部罢除。朝中官员和世家望族私筑园林楼榭，侵占了惠民河，因而使河道堵塞不通，正逢京城发大水，包拯于是将那些园林楼榭全部毁掉。有人拿着地券虚报自己的田地数，包拯都严格地加以检验，上奏弹劾弄虚作假的人。

包拯在三司任职时，凡是各库的供上物品，以前都向外地的州郡摊派，老百姓负担很重、深受困扰。包拯特地设置榷场进行公平买卖，百姓得以免遭困扰。官吏负欠公家钱帛的多被拘禁，一有机会就逃走，又把他的妻儿抓起来，包拯都给放了。

包拯正直、刚正不阿、为百姓伸张正义，这正是他为什么能流芳百世的原因。生活中，有些人本着“人不为己，天诛地灭”的想法，自私自利，这样的人在获取到小恩小惠的同时，也让自己的品格蒙上了一层阴影。

因此，我们每个人都应该学会控制自己的自私欲，学会塑造良好的品质修养，才能获得人生的阳光大道。因为任何人，如果不具备正直忠诚这一品质，即使具备不平凡的智慧，也只是小聪明而非大智慧，人生的路只会走得越来越窄。

人的本能并不是善恶，而是自私。人要生存，要活好，要发展，就不能不谋求自己的利益。谋取个人的正当利益，是每个人的权利和责任，应该受到尊重，不应被贬斥为自私。然而我们在承认人本自私的同时，还应该控制自私的本能，学会多为他人考虑，才能获得更高阶段的需求，成为一个成功的社会人。

从潜意识改变自己的自私心理

心理专家认为，自私是人的天性，就像贪吃是人的天性一样。从我们刚出生开始，我们就是自私的，我们不愿把手中的食物和玩具分给其他人。只不过，在逐渐成长的过程中，我们受到了教化，逐渐改正了自私的毛病，而另外一些人，却变本加厉，他们对家人、父母、朋友都很自私，总是一味地索取。实际上，那些自私的人凡事都从自己的利益考虑，他们不愿与人合作，他们总会遭到别人的鄙视，也不可能有好的前景，他们鼠目寸光，总是放不开，觉得自己的东西总是来之不易，而且体会不到分享的快乐。别人也会对其渐渐失去兴趣，因为他们在自私者身上得不到快乐的感觉。

自私是人类的本能，但还不是邪恶。贪婪才是邪恶。但是过于自私的行为习惯如不加以克服，则很可能从损害他人的利益开始，到损害社会和国家的利益，最后发展成贪婪。所以我们更应该自觉地克服这种自私心理，提升自己的理性，锻炼自己的意志。然而，要控制自己的自私心理，我们需要从控制自己的潜意识开始。

有一个寓言是这样的：

从前有这样一个国家，这个国家的国王和所有国民都没有接受宗教的教化，因此，他们更相信那些奇异的邪法。每当举行祭祀时，他们就大肆杀生，国内的动物成了祭典的牺牲品。

有一年，国王的母亲病重了。和往常一样，国王只好求助于巫师们，他说：

“我的母亲患病时间已经很长了，我一直在寻找医生为她医治，但都没有什么效果。所以才不得不求助于各位，各位都是饱学之士，智慧超群，通达事理，也知晓宇宙景象。到底是什么原因呢？到底该如何才能医好呢？希望诸位能详细解释。”

这群巫师还是按照老法子来，他们告诉国王：首先得在郊外找块干净的土地，群山围绕，面向日月星座建造一座祭坛，杀一百只不同的牲畜和一个小孩来祭天，大王和皇太后都要亲临祭拜，皇太后的病才能痊愈。

国王自然听信了巫师们的话，他吩咐手下的人准备好了所有的东西，准备祭天仪式。

因为要杀的生命太多，哭泣声太大，释尊听到了，“为了救一个人，竟牺牲这么多无辜的生命。”国王的愚蠢、顽固与残暴让释尊觉得必须要阻止这场恶性祭祀。于是，他也带领一行弟子赶往祭天现场。巧的是，他与国王不期而遇。

看到释尊，国王非常感动，那些即将被去屠杀的人们，看到了佛陀，也无形中生起一种恭敬心，并且觉得解救自己的人出现了。

于是，按照礼数，国王亲自下车，并取下皇冠，合掌长跪望着佛。

佛陀问国王："大王，你们想上哪儿去呢？"

"我的母后常年患病，无法医治，现在我终于知道问题的所在了，现在，我们正是准备向四山五狱祈祷，答谢星座，乞求让家母延年益寿，早日康复。"

佛陀一听，便明白这是个无知的国王。于是，佛陀这样说道："大王，你若想五谷丰登，就不能只靠天，而应该努力耕作；你若想坐拥财富，就必须广行布施。若想延年益寿，自然就有与人为善。善有善报恶有恶报，你为保母亲延年益寿固然很好，但却以杀害众多生命为代价，如此怎能得到善报呢？若想延寿百岁，与其屠杀牲畜，来祭拜天上诸神，远不如做一件善事来得好"。

释尊说完话，立即佛光普照，然后消失了。国王等一行人听完以后，如梦初醒。于是，国王释放了所有的人，并开始大赦天下，不久以后，皇太后的病也就好了。

故事中的国王为什么能转换思维，放下一己私欲？因为佛陀的一番话深入了他的心，让他明白了"种瓜得瓜种豆得豆"的道理。很多时候，事情的结果往往就取决于我们的思维方式，而我们的思维是从潜意识里散发出来的，如果我们能从潜意识控制自己的私欲，多为他人着想，那么我们种出的就是善果；而如果我们在大脑中选择恶意的思维方式，种出的自然也就是恶果，也终将害人害己。

在人生旅途上，我们每个人都应该警醒自己，心存善念，多为他人着想，那么你的人生旅途就会越走越宽。而自私者是悲哀的，他们总是渴望占有，让他们拼命地保护自己的东西，同时又想方设法地掠夺别人；自私者是眼光短浅的，总是在乎眼前的一点点的利益，总是认为什么东西还是抓在手里比较放心。阿瑟·赫尔普斯曾经说："许多人知道如何享乐，却不知道自己从何时起已不再向别人提供欢乐。"

自私者的心灵是生活在地狱中的，他们也感到自私自利的邪恶力量，但他们却不知道如何解救自己，其实，要想改变自己自私的心理，我们需要先调整自己的意识，就如先哲说的："人生的真谛在于认识自己，而且是正确地认识自己。"生活中，我们需要培养自己的反省意识，并不断反思自己的行为。

这天，一个中年妇女在集市上从一对农民夫妇那里买了一袋大米，并付了200元。恰巧，当这个妇女准备离开集市时，她又遇到了这对夫妇。但不幸的是，不知为何，这位中年妇女好像扭伤了脚。农民夫妇见状，便用他们的人力车把中年妇女送到医院。待安置妥当后，二人意欲告辞，谁知这名妇女却一把拉住他们的手，羞愧地相告："我买你们大米的钱，用的是假币。"说罢，拿出两张100元真钞，塞到农民夫妇手里。

这是个多么有意思的故事。是什么让中年妇女痛改前非、认识到自己的错误？是农民夫妇的质朴和善良！仅仅是一步之遥，她没有跌进良心的谴责之中。有时候，一步之遥的距离可以改变一个人的一生，而更多的时候，我们却没有勇气迈出。

实际上，社会上那些阴暗的事情，例如嫉妒、杀戮、偷盗，都是自私的极端表现。也许你会认为自己不会做出那些事，但身上仍然有自私的DNA。因此，我们每个人都应该学会不断反省，从潜意识控制自己的自私心理，才能从源头上杜绝自私行为的出现。

从潜意识中控制自己的自私心理，需要我们把宽容和博爱时刻镌刻在心里，以仁爱之心去爱人。总之，我们需要记住的是，从天使堕落到魔鬼仅一步之遥，从魔鬼升华到天使亦近在咫尺，选择只由自己。

挖掘自私根源，让自己更豁达

我们发现，在竞争激烈、人们物质追求强烈的现代社会，就是有这样一些人，他们为了追求自己成功，不惜使用各种手段，为自己的心灵蒙上灰尘。这些灰尘有邪念，有罪恶，但究其本源来说，都是自私，如果不及时醒悟，当他们的心被灰尘蒙蔽的时候，人生就悲哀了。现代社会，一些商人为了一己私利不惜损害消费者的利益、健康甚至生命，最终都会走上万劫不复之路。而事实上，他们之所以做出这些自私的行为，都是因为他们没有看到自私所带来的负面效应。“点燃别人的房子，煮熟自己的鸡蛋”。英国的这句俗语，形象地揭示了那些妨害他人利益的自私行为。在为人处世的过程中，如果我们时时以自己为中心，一切以自己的利益为出发点，那么，就会妨害到别人的利益和情感，这样的人谁不怕？怕的时间长了，也就如同瘟疫一样，人们避之唯恐不及；怕的人多了，也就如过街老鼠一样，人人见之喊打。这样的人即便是比别人多捞取了一些利益，也不会获得真正意义上的幸福。

人与人之间的交往都是相互的，你怎样对待他人，他人就会怎样对待你，如果我们只想拥有而不想给予，那将是一个自私的人，而自私的人是不会拥有真正的朋友的。所谓“赠人玫瑰，手有余香”就是这个道理。因此，如果你是个自私的人，那么你有必要挖掘出那个让自己自私的根源并消除它，只有这样你才能变得更加豁达。

我们先来看下面一个故事：

张三是一个出名的吝啬鬼。

一天，他家来了客人，到了午饭的时间，他只给客人端来一碗稀饭。就在这时，门外来了一个卖熟牛肉的，他的客人也不客气地说：“给我买斤牛肉吧，在你家总是喝稀饭。”

听到客人这么说，张三不好回绝，便出去买牛肉去了，他让客人在屋内等候。过了一会儿，外面传来了张三与卖牛肉者砍价的声音。

“三块一斤行不行？”“不行！”

“五块一斤行不行？”“不行！”

“七块一斤总行了吧！”“不行不行，一百块也不行！”

张三回来对他亲戚说：”不知怎么的，他就是不肯卖给我。”客人只好自认倒霉。

晚上他妻子训斥他：”你是傻了吧，三块一斤不行，还要七块？”张三说：”哪儿呀，我是拿砖头和他换呢！”

这虽是一则幽默，但却看出吝啬之人的自私。这里，张三的自私就是由他对金钱错误的理解引发的，钱财固然能帮助我们提高物质生活水平，但金钱并不是万能的，并且对金钱过于苛刻，会破坏人类所固有的仁爱和同情之心，破坏美好的社会关系、伦理关系和道德关系，对一些社会成员造成精神及肉体上的伤害。

当然，不同的人在自私这一点上有不同的表现，有些人贪财、有些人缺乏同情心等，但无论如何，我们都必须从源头上消除它，才能真正克服自己的自私心理。我们再来看下面一个案例：这些心理的形成都是有不同的自私的表现，因此，我们应当尽快消除吝啬心理。因为如果你只懂得索取，而不懂得付出的话，你永远也无法领悟成功的真谛。

巴勒斯坦境内，有两个著名的湖泊，这两个著名的湖泊各有各的特色。其中一个叫加黎利海，是一个很大的湖泊，水质清澈甘甜，可以供人饮用，因为湖底清澈无比，连鱼儿们在水中悠游的景象也清晰可见，而附近的居民更是喜欢到此处游泳和嬉戏，加黎利海的四周全是绿意盎然的田园景观，因为环境清幽，许多人将他们的住宅与别时墅建在湖边，享受这个如仙境般的美丽景致。

另一个名为死海，也是一个湖泊，然而，正如其名，水是咸的而且有一种怪味道，不仅人们不敢来饮用，连鱼儿也无法在这个湖泊中生存。在它的崖边，连株小草都无法生长，更别提人们选择在这里居住。

令人好奇的是，这两个湖其实是源于一个源头，后来人们发现，它们会有这么大的不同，是因为一个有接受也有出水；另一个则是接受后便存留起来。原来，在加黎利海里，有入口也有出口，当约旦河流入加黎利海之后，水会继续流出去，如此一来，水流不仅生生不息，也会不断地循环更换，水质自然清澈干净。至于死海则只有入口没有出口，当约旦河水流入之后，水就被完全封死在海里。于是，在这个只有进没有出的湖泊中，所有的污水或废水也全部汇聚在这里，因为只知自私地保留己用，最后的结果便如它的名字，成为没有人愿意亲近的死海。

唯有不断流动更替的水才会充满氧气，如此鱼儿们才会有舒适的生存空间，为湖泊增添生命活力。因为肯付出，加黎利海的收获，正是干净的湖水与热闹的人潮，因为它付出了，自然会得到应有的成果。至于一味地接受而没有付出的死海，结果则是贫瘠与足迹罕至。了解了这一特殊的自然现象，生活中那些自私自利的人，你还愿意做一个只愿索取不愿付出的人吗?

自私自利之人往往是自我敏感性极高，以自我为中心，对社会、对他人极度依赖与索取，而不具备社会价值取向，对他人与社会缺乏责任感的人。我们每一个人，在追求成功的过程中，都要不忘时时看清自己的心灵，以这样的心态，那么我们就能端正自己的行为了。

第14章

掌控自我意识：学会拒绝，不随波逐流

坚信自己，敢于出众才能有所成就

现代社会，我们都强调要创新，任何重大成果的发现，都离不开创新意识的发挥。任何一个人，也只有敢于突破，敢于创新，才能有所成就，而如果你是一个随波逐流的人，那么，你只能一事无成。曾有人做过这样的实验：

一群羊前面横放一根木棍，第一只羊跳了过去，第二只、第三只也会跟着跳过去；这时，把那根棍子撤走，后面的羊，走到这里，仍然像前面的羊一样，向上跳一下，尽管拦路的棍子已经不在了，这就是所谓的“羊群效应”，也称“从众心理”。

我们再来看下面一个故事：

一位石油大亨到天堂去参加会议，一进会议室发现已经座无虚席，没有地方落座，于是他灵机一动，喊了一声：“地狱里发现石油了！”这一喊不要紧，天堂里的石油大亨们纷纷向地狱跑去，很快，天堂里就只剩下那位后来的了。这时，这位大亨心想，大家都跑了过去，莫非地狱里真的发现石油了？于是，他也急匆匆地向地狱跑去。

羊群效应就是比喻人都有一种从众心理，从众心理很容易导致盲从，而盲从往往会陷入骗局或遭到失败。羊群效应一般出现在一个竞争非常激烈的行业上，而且这个行业上有一个领先者（领头羊）占据了主要的注意力，那么整个羊群就会不断模仿这个领头羊的一举一动，领头羊到哪里去“吃草”，其他的羊也去哪里“淘金”。

这个效应同时告诉我们，盲目地跟随他人不一定有好结果，我们的生活需要创造力。创造力是指产生新思想，发现和创造新事物的能力。身处竞争激烈的现代社会，我们应当具有锐意变革的精神，才能始终使自己处于竞争中的有利地位。对此，我们首先要做到的就是破除自己的从众心理，学会独立思考。

曾经有一个叫魏特利的人，他经历过这样一件事：

19岁那年，他的朋友特别多，一天，有个朋友和他约好，就在周日早上，他们一起去钓鱼，魏特利很高兴，因为他还不会钓鱼。

因此，头天晚上，他先收拾好所有装备，比如网球鞋、鱼竿等，并且，因为太兴奋，他居然还穿着自己刚买的网球鞋就上床了。

第二天一大早，他就起床了，把自己的东西都准备好，并且，他还时不时地朝窗外看，看看他的朋友有没有开车来接他，但令人沮丧的是，他的朋友完全把这件事忘记了。

魏特利这时并没有爬回床生闷气或是懊恼不已，相反，他认识到这可能就是他一生中学会自立自主的关键时刻。

于是，他跑到离家最近的超市，花掉了他所有的积蓄，买了一艘他心仪已久的橡胶救生艇。中午的时候，他将自己的橡胶救生艇充上气，顶在头上，里面放着钓鱼的用具，活像个原始狩猎人。

随后，他来到了河边，魏特利摇着桨，划入水中，假装自己在启动一艘豪华大油轮。那天，他钓到了一些鱼，又享用了带去的三明治，用军用壶喝了一些果汁。

后来，他回忆这次的光景，他说，那是他一生中最美妙的日子之一，是生命中的一大高潮。朋友的失约教育了他，凡事要自己去做。

生活着最大的危险不在于别人，而在于自身。不在于自己没有想法，而在于总是依赖别人。

那么，生活中的人们，该如何做到破除自己的从众心理呢？为此，你需要做到：

1.善于变被动为主动

萧伯纳有一句名言：“明白事理的人使自己适应世界，不明白事理的人想使世界适应自己。”人都是在这种主动的不断调整、不断适应的过程中成长的。那些被动学习和工作的人，总是郁郁不得志。相反，那些积极上进勇于创新者，也许常有一时的困顿，但最终都能拥有一个比较辉煌的前景。

因此，你也应该有主动的精神，只有主动地、积极地学习与工作，才是有效率的、创新的学习和工作。

2.敢于坚信自己

创新能否最终获得成功，能不能相信自己很重要，有自信，相信自己正确，那么你就敢走自己的路，就能不怕失误、不怕失败，在大多数情况下，不敢自信走“小路”的人，通常也难成为创新型人才。

3.善于学习前人的经验

像牛顿这样的科学家，在概括自己的科学理论成果时都说，他是站在巨人肩上的矮子。牛顿当然不是矮子，而是巨人，但他确实是站在前人的肩上的。没有牛顿对前人知识的学习、吸收和批判，就不可能有牛顿的科学理论创新。

4.敢于打破各种定见和共识

要想成为一个有创造力的人，你需要：第一，不要迷信权威；第二，不要太依赖他人，学会独立思考；第三，摒除观念思维、经验主义等主观定式，不要给自己上思维枷锁，你不仅需要敢于挑战书本的权威，也需要敢于自我否定。

5.敢于否定他人

独立思考是否定他人、提出不同意见的前提，反过来，做到后者，你也会逐渐学会独立思考。

6.独立面对各种难题

正如一位名人所说：“所谓成长，就是去接受任何在生命中发生的状况。即使是不幸的、不好的，也要去面对它，解决它，使伤害减至最低。所谓的成长，所谓的智能，所谓的成熟，都不过如此。”这样的人才能独当一面，才能成为一个自立自强的人。

一个不坚信自己的人是很容易人云亦云的，这种心理足以削弱一个人前进的雄心和勇气、足以阻止自己用自己的努力去换取成功的快乐。它还会让我们跟随他人的脚步而只能停在别人的身后，以致一生都碌碌无为。因此，如果你想获得成功，那么从现在起，无论遇到什么，你都要学会独立思考，不要人云亦云。

控制自我意识，不被他人之言动摇

有人说，成功最需要具备的一个要素就是智慧，然而，智慧从何处来？智慧的来源大致有以下三个方面：一是从你的知识而来，二是从你的经验而来，三是从自我反省而来。但无论如何，有智慧的人总是能坚持自我，有很强的自我意识，他们敢于走自己的路，不会因为路上的任何风景而分神，更不会因为别人的言论而自我动摇。

因此，任何一个渴望成功的人都要学会控制并且强化自我意识，遇事要沉着冷静，自己开动脑筋，排除外界的干扰或暗示，学会自主决断。要彻底摆脱那种依赖别人的心理，克服自卑，培养自信心和独立性。有这样一个故事：

法国哲学家布里丹养了一头小毛驴，他每天都向附近的农民买一堆草料来喂。这天，送草的农民出于对哲学家的景仰，额外多送了一堆草料，放在旁边。这下子，毛驴站在两堆数量、质量和与它的距离完全相等的干草之间，可是为难坏了。它虽然享有充分的选择自由，但由于两堆干草价值相等，客观上无法分辨优劣。于是它左看看，右瞅瞅，始终也无法分清究竟选择哪一堆好。于是，这头可怜的的毛驴就这样站在原地，一会儿考虑数量，一会儿考虑质量，一会儿分析颜色，一会儿分析新鲜度，犹犹豫豫，来来回回，在无所适从中活活地饿死了。

小毛驴在充足的两堆草料面前，却落得个饿死的下场，真是令人匪夷所思。可见，迟疑不定不仅对人们做出正确的行为无丝毫的帮助，还会让人们延误时机，甚至酿成苦果。而实际上，除了动物以外，人类似乎也在重复这个幼稚的错误。尤其是那些自我意识不强的人，他们总会因为周围人的一些所谓的建议而踟蹰不定，而最终，他们也和这头小毛驴一样一无所获，甚至付出沉重的代价。要摆脱这种苦恼，我们就要训练自己的判断力，要坚定、勇敢、自信、果断，你若一直朝着既定的目标前进，那么他人一定会为你让路，而对一个摇摆不定、踟蹰不前、走走停停的人，别人一定抢到他前面去，决不会让路给他。

我们来看看下面这个故事：

小泽征尔是世界著名的音乐指挥家。一次他去欧洲参加指挥家大赛，在进行前三名决赛时，他被安排在最后一个参赛，评判委员会交给他一张乐谱。小泽征尔以世界一流指挥家的风度，全神贯注地挥动着他的指挥棒，指挥一支世界一流的乐队，演奏具有国际水平的乐章。

正演奏时，小泽征尔突然发现乐曲中出现不和谐的地方。开始，他以为是演奏家们演奏错了，就指挥乐队停下来重奏一次，但仍觉得不自然。这时，在场的作曲家和评判委员会权威人士都郑重声明乐谱没问题，而是小泽征尔的错觉。他被大家弄得十分难堪。在这庄严的音乐厅内，面对几百名国际音乐大师和权威，他不免对自己的判断产生了动摇，但是，他考虑再三，坚信自己的判断是正确的，于是，大吼一声：“不！一定是乐谱错了！”他的喊声一落音，评判台上那些高傲的评委们立即站立向他报以热烈的掌声，祝贺他大赛夺魁。原来，这是评委们精心设计的圈套。前面的选手虽然也发现了问题，但也放弃了自己的意见。

为什么小泽征尔能做到“挑战权威”，并大胆地告诉评委们：“不！一定是乐谱错了”？因为他能坚持自我，有很强的自我意识。而倘若他不能坚信自己的判断是正确的，和其他几位选手一样，即使发现了问题，也不敢提出来，或者放弃自己的意见，那么在这场比赛中，他也只能和其他选手一样，被淘汰出局。

有这样一位企业领导，他有个长处，那就是不受他人干扰，即使有人在他旁边唠唠叨叨，他也能静下心来把事情完成，并且干净利落，决不拖泥带水。他那种明快果决的本领，十分使人折服。

然而，生活中的我们，却做不到这样，他们常被身边的各种问题困扰。因为我们太容易被周围人们的闲言碎语所动摇，太容易瞻前顾后，患得患失，以至于给外来的力量可以左右我们的机会，这样，似乎谁都可以在我们思想的天平上加点砝码，随时都有人可以使我们变卦，结果弄得别人都是对的，自己却没有主意，这真是我们成功途中的一个大障碍。

那么，具体来说，我们该如何做到控制自我意识，不为他人的言论动摇呢？

1.不要总是依赖他人

那些习惯依赖他人的人才会把听从他人的意见当成一种习惯。因此，要树立并强化自我意识，就需要我们首先破除这种不良习惯。你可以查一下自己的行为中哪些是习惯性地依赖别人去做，哪些是自己作决定的。可以每天做记录，记满一个星期，然后将这些事件分为自主意识强、中等、较差三等，每周做一小结。

2.要增强自控能力

对自主意识强的事件，以后遇到同类情况应坚持做。对自主意识中等的事件，应提出改进方法，并在以后的行动中逐步实施。对自主意识较差的事件，可以通过采取提高自我控制能力来提高自主意识。

3.独立解决问题

要克服摇摆不定的习惯，就得在多种场合提倡自己的事情自己做。因此，生活中，你再也不要让朋友或者父母当你的贴身丫鬟了，也不要让他人帮你安排所有事。比如，独立准备一段演讲词，独立地与别人打交道等。

人性有很多弱点，比如虚荣、自私、嫉妒、盲目等，其中，缺乏主见会影响到一个人一生的命运。所幸的是，这些弱点本身虽然与生俱来，很难彻底消除，但是我们自己可以想出办法来克服它们、抑制它们或者引导它们朝着有利于自我的方向发展。日常生活中，我们需要控制并强化自我意识，敢于坚持自我，决不能被他人之言动摇。

学会拒绝也是一种自控力

生活中，没有人喜欢被拒绝。同样，习惯于中庸之道的中国人，在拒绝别人时很容易发生一些心理障碍，这是传统观念的影响，同时，也与当今社会某些从众心理有关。不敢和不善于拒绝别人的人，实际上往往得戴着“假面具”生活，活得很累，而又丢失了自我，事后常常后悔不迭；但又因为难于摆脱这种“无力拒绝症”而自责、自卑。你是否曾经为以下事情伤脑筋：一个你曾经认识的人，他品行不良，但非要和你借钱，你深知如果钱借给他，就等于肉包子打狗——有去无回；或者一个熟识的生意人向你兜售物品，明知买下也会吃亏；或者你的患难朋友，曾在你最困难的时候帮过你，现在有求于你，而你心有余而力不足，但他不相信，认为你是忘恩负义，故意不帮助他……遇到这些问题，你该怎么办？要记住，你不是神仙，也不能呼风唤雨，有求必应，该拒绝的，就必须要拒绝。如果不好意思当场拒绝，轻易承诺了自己不能、不愿或不必履行的职责，事办不成，以后你会更加难堪。

因此，如果你能学会拒绝，那么你也就掌握了一种自控力。而实际上，学会拒绝，并不是一件难事。我们先来看下面的一则案例：

陈平是一名部门主管，当初公司把他调到这个部门的时候，他就不大乐意，因为他早有耳闻，这个部门的前任主管在管理团队的时候，喜欢事必躬亲，什么都为手下安排得妥妥当当，喜欢当老好人，部门大事小事总是一把抓，而导致了此部门员工没有得到很好的工作历练，因此，他们在公司所有部门员工中是能力最低的。但既然公司已经下达了指令，陈平只好硬着头皮上了，他也有志于改善部门状况。

报到的第一天，秘书小林就对陈平说："主管，我之前没有做过这类的报表，你帮我做一下吧。"

听到这话，陈平觉得很诧异，做报表在公司一直都是秘书的本职工作，小林的请求实在是太过分了，他很生气，但一想到，要是第一次就这么严厉地对待员工的请求，势必会让自己在下属中留下不好的印象，因此，想了想之后，他对小林说："不好意思啊，今天我刚来，事情太多了，等忙完这周的话，你再把数据表拿来。"

一听到陈平这么说，小林心想，这份报表周五前必须要交到公司财务部，哪里还等得到下周？于是，她只好自己去处理了。

这招果然奏效，后来，陈平用同样的方法摆脱了很多下属们的请求。

案例中的主管陈平可谓是一片苦心，为了让下属能尽快成长起来，他觉得让下属自己动手更有积极的意义，于是，面对秘书的工作求助，他采取了拖延的策略加以拒绝。这种心理策略很简单，对于你不想答应的请求，你完全你用不着下决定，用不着点头或者摇头，而只是让来请求你的人迟些再来。例如，你可以说："我的任务现在排得满满的，你能不能两个礼拜以后再来找我？"如果这个人对你说的话认真，他会把两星期后再来找你这件事加进自己的备忘录里。要是这人没什么条理，他肯定早把你忘了。有的时候如果你连着拖延了两回，那个人就会放弃了。

当然，这只是拒绝他人的一种方法，具体来说，我们在拒绝他人时，还需要掌握其他一些要点：

1.态度要真诚

我们之所以拒绝对方，多半是因为我们实在无能为力，而表明难处，也是为了减轻双方的心理负担，并非玩弄“技巧”来捉弄对方。因此，拒绝他人，态度一定要委婉、真诚，特别是上级对下级的拒绝、地位高者对地位低者的拒绝等，更应注意自己说话的态度，不可盛气凌人，要以同情的态度、关切的口吻讲述理由，争取他们的谅解。而在结束交谈的时候，还应再次表明歉意，热情相送。

小张是公司的一名小领导，员工的工作他必须参与，上级领导的工作他也不能推卸，因此，他常常忙得焦头烂额。最近，他负责一项权责以外的工作，弄得头昏脑涨。因为是第一次经手工作，不明白的地方很多，所以常在思考上花费很多时间，导致工作进度很慢。偏偏在这个时候，上司又要求他去参加拓展业务的研讨会。

小张不自觉地就用比较强烈的口气拒绝说：“不行啊，我现在根本就没时间参加什么研讨会。”

上司听后，似乎心头也起了一把火，很不满地说：“好吧，那从此以后就不再麻烦你了！”

显然，小张的言辞上有不妥之处。遇到这样的情况，首先要先将上司的请求当作指示和命令。一道命令下来，就没有拒绝的余地。在这种背景下，如果不留余地地拒绝，上司肯定会发火，而且也让上司的面子很挂不住。这个时候，我们可以先说明一下自己的处境。一般来说，如果将自己的难处真切地说出来，上司是能体谅并且接受你的拒绝的。

2.不要伤害对方的自尊

人都是有自尊心的。当你在拒绝别人时，一定要先考虑到对方的感受，在选用表达的词语时应准确、委婉。

3.为对方找个出路

直接拒绝对方难免令人失望，此时，你不妨为其再指一条明路，比如，“这件事我实在没有时间帮你去办了，你不妨去找某某试试。”“这份资料我这几天就要用，不过图书馆还有一份没借出去，你赶快去应该可以借出来。”因为对方有了其他“出路”，他对你的拒绝也就不会太在意了。

总之，在拒绝他人的时候，注意以上几点会帮助我们将拒绝带来的不愉快降低到最低程度。

拒绝别人或被别人拒绝，是我们每个人一生中每天都可能经历的事情。这是人生中的非常真实的一面，谁都会遇到这样的经历，朋友、同事，甚至领导来找你帮忙，但有时他们所提出的要求是你没有能力或不愿意去做的，此时，我们就要学会拒绝他们的请求。当然，拒绝绝非简单地说“不行”，而要阐明不行的理由，让对方知道你的难处，从而理解你。这样你才不会因为拒绝对方而得罪对方，不至于影响你们之间的交情。

能够把持自己，让思维具有远见性

在生活中，我们常听老人说：“做事之前就要想到后面四步。”其实，向前每走一步，我们都需要想应对的方法，如果不能看得那么远，至少我们需要看见一步。这就是一种远见，的确，我们做事情，不仅需要稳当、周全，而且不要急于求成，更不要被眼前的小事所累。在时机未成熟之前，我们一定要把持住自己。一个成大事的人，眼光总是比身边的人看得稍远一点。著名的美孚公司曾做了一次赔本买卖，可是，从最后的结果来看，它虽然放弃了眼前的利益却收获了长远的发展，小利变大利、利滚利、利翻利，先前看似赔本的“买卖”，最终却收获了高额的利润。这是一种商业中的计谋，也是每一个人需要学习的智慧。有时候，之所以需要我们学会自控，不要被眼前小事影响，其实是为了以后更长远的发展。

在近代历史中，曾国藩无疑算是一个有远见的人，在任何时候，他都不为眼前小事所累，其最终的理想抱负是“修身、治国、平天下”，誓死效忠于清廷。

1858年，在清政府的不断催促下，曾国藩第二次戴孝出山。届时，他率领了湘军，经过6年的艰苦奋战，终于攻克了金陵。这一次，宣告了太平天国运动的结束，平定了天下，而另一方面，由于湘军号称30万大军，意味着清朝的军权第一次从满人转移到了汉人手中。这时，曾国藩的名声与威望都达到了顶峰。

在弟弟曾国荃看来，这是多么兴奋的事情，大好的利益就在眼前，于是，他极力鼓动哥哥曾国藩“自立”。不仅如此，其他一些随着曾国藩出生入死的将领也一起暗示要拥立他为皇帝。究竟是继续做万人景仰的中兴名臣，还是是冒着成为乱臣贼子的风险君临天下，曾国藩为此思考了很久很久。

其实，最初同治皇帝曾做出承诺，谁能解除天平天国对清朝的威胁，谁能够打下南京谁就封王。可是，等到曾国藩真的打下了南京，功高震主，又手握兵权，同治皇帝却失言了，他只封了曾国藩“一等毅勇侯”。“飞鸟尽、良弓藏”的道理，曾国藩自然明白。最后，经过思考之后，他做出了惊人的决定，自剪羽翼，解散了湘军，忍耐一段时间之后，重新找准自己的位置。

历史证明，曾国藩的确是一名深谋远虑之人。在当时的情况下，皇帝宝座无疑是眼前最大的利益，在当时的情况下，他完全有能力、有实力自立为王，但他却把持住了自己，没有轻举妄动，这是为什么呢？曾国藩确实很有远见，即使自己攻破了南京，但他却已经分清了当时的局势，清政府派遣了许多将领驻扎在长江，一旦自己叛乱，定然会予以反击。而且，清政府开始有意识地培养自己身边的将领，分化湘军内部力量，真的自立，那些将领绝不会与自己同谋。另外，曾国藩的最初梦想便是报效国家而不是自立为王。所以，即便是在功成名就之后，他依然不敢享受成功带来的喜悦，而是以长远的眼光，忍耐在皇权下为官的战战兢兢。

在现实工作中，小到一个职员，大到一个公司，都需要有长远的打算，如果你只着眼于眼前的小恩小惠，那迟早有一天你将被利益所吞噬，职场生涯同时也宣告结束。其实，即便是工作也不能含糊，对于这样一件事情也需要我们的谋算，将自己的眼光放得更长一些，不为眼前的小事所累，把持住自己，这样我们的职场之路才会走得更远。

食品公司的销售部经理离职了，这个部门经理的位置就空缺了出来，虽然下面的销售人才都很不错，但被总经理提名的只有两个候选人。在周一的例行公会上，总经理就公布了这两个名字，并且要求他们各自在一个星期内拿出自己的市场推广方案，谁的方案最优秀就由谁来担任部门经理。小李、小张同时被列为了候选人，两人平时还是好朋友，所以这样一场竞争非常有意思，公司各部门员工都对此议论纷纷。有人说小李绝对能胜任，因为他善于笼络人心；有人说小张绝对能任职，因为业绩比较突出。同时，有一个消息在办公室里炸开了锅，原来小李是经理夫人的亲弟弟，这可不得了，那失败者似乎注定了就是小张。

小张分析了其中的利害关系，心想：小李有了关系这一层，看来自己终究是失败，不过，有什么要紧呢。如果自己真的失败了，表现得大度，努力配合小李的工作，给人留下好的印象，日后定会有高升的机会。他就一边这样想着，一边准备市场推广案。很快，一个星期就过去了，两人同时把方案交到了办公室。总经理在大会上宣布了结果，懂得笼络人心的小李胜出了。小张知道自己已经失败了，心变得坦然，鼓掌表示庆祝，似乎一点也不在意。

小李上任了，开始了管理工作。小张还是积极地跑市场，协助小李的工作，下班后，他与小李还是好朋友。公司里人的都说："小张这人真好，升职机会被好朋友抢了也不说什么""就是啊，而且，工作比以前更积极，这样踏实能干、谦虚的小伙子上哪去找啊"。三个月后，小张在朋友小李的推荐下，因业绩突出被提升为部门助理。

本来，同事小李有好的关系，这对于处于公平竞争上的两个人似乎并不公平，小张大可以因不服气而找上司闹，或者在小李胜出后故意与之作对。但是，聪明的小张却很清楚眼前的人和事，自己要想有所作为，就必须将不服埋在心里，努力配合小李的工作，在公司博得一个好名声，这样，自己能力有了，也没得罪什么人，那高升的机会肯定会有。在这样斟酌之后，小张才将想法投入实际行动，最后，自己的目的也达到了。

然而，现实生活中，有些人却鼠目寸光，吃不得眼前亏，心胸狭隘，容不得一点损失，最终，他们难以成就大事。

可见，对于我们来说，在做每一件事情时更需要有长远的眼光，不计较眼前的小事，而是关注于长远的发展，从而达到舍小利而保大局的目的。

俗话说："不飞则已，一飞冲天；不鸣则已，一鸣惊人。"在既成的局面下，我们只有控制住自己，然后不断地提高自己的能力，等待机遇的到来，再迅猛出击，奋起拼搏。

第15章

克服依赖心理：改掉以往的陋习

控制自己从改掉“口无遮拦”开始

生活中，我们每个人都需要与人交往、交流，这无可厚非，但却有一些人，他们因为有很强的情感依赖性，在人际交往中，为了拉近彼此间的关系，他们常常对他人掏心掏肺，有点什么小秘密都藏不住，而事后他们才发现，管不住自己的嘴，为自己带来了很多不必要的麻烦。

因此，我们每个人在培养自己的自控力前，都有必要先学会管住自己的嘴巴。单纯的你，你是否发现，你曾经就是因为这点而遇到了一些麻烦：你原本以为对方是个知心人，当事后你才发现，他是个专门挖别人隐私并到处散播的小人；你原以为对方听你诉说是因为同情你的遭遇，谁知道，原来他是另有所图，而知晓后的你已经骑虎难下了……这样的例子太多了。因此，你若想让自己远离是非，要想拥有良好的人际关系，就有必要学会三缄其口、管住自己的嘴巴。

对此，我们先来看下面一个小故事：

欣欣是一个单纯漂亮却有点懦弱的女孩子，对什么人都不怎么设防。从一所名校毕业的她顺利地找到了一份在一家艺术公司的工作，具体工作是给舞台礼服设计花样图案。她很珍惜这一份能发挥自己专业水准的工作，但工作几个月后的她发现自己的老板是个很抠门的人，每天都会看着办公室的员工们干活，看见谁偷懒，就会严格扣除工资，而他给欣欣的工资每月只有1700元，除掉房租勉强只够吃饭。因此，欣欣并不能和其他女孩一样可以大手大脚地花钱，即使想约朋友，也是把他们带回家里来，然后亲自下厨弄菜招待。

欣欣刚来公司的时候，认识了一个比她年纪稍长一点的姐姐，因为在同一个学校毕业，而那个同事比她资深，算是个小领导，平时在公司也算对欣欣照顾，所以欣欣就死心塌地对人家好，工作中，有什么事，她都喜欢问这位姐姐，当然，对方也给了她不少帮助。

有一天，那位女同事因为和男友分手，心情不好，看到欣欣在工作，便不分青红皂白地把欣欣骂了一通，欣欣虽然也生气，但知道原因后，从那同事的角度想想后，也就原谅了那个同事。次日，她还是满面微笑地招呼那位同事，就当作什么也没发生过。

而那女同事压根儿就是个小人，看见欣欣没有生气，反倒觉得奇怪："我这么对她，她居然没有一点记恨的表现，肯定是装的！"于是，这个女同事就心生恨意，准备先下手为强，将欣欣赶出公司。终于，她等到了机会。

不久两人去外地出差，客户选中了欣欣设计的几个方案，却没有挑中那同事的任何一个。欣欣还好心把样稿让一部分给那同事做，没想到对方压根不念好，更对欣欣记恨在心。

第三天，欣欣被公司一个电话提前召回，等待她的是放在桌子上的辞退通知信。她流着眼泪读信，感觉自己是不明不白地被辞退的，后来，有个心眼好的同事告诉她，原来是那位女同事在老板那儿说了坏话，说欣欣在外出差不好好干活，设计的图案一幅没被选中，还抽空溜出去玩。老板当场大怒，下令把欣欣立刻开除，其他人怎么劝也没用。

这时，欣欣才知道原来自己是被陷害了，还是被自己一直信任的人，她真是哭笑不得，她也不想解释太多，就收拾东西离开了公司。

欣欣的那位女同事，可以说简直是一个现代版的"以小人之心度君子之腹"的小人，这样的小人生活中自然不少，其实，欣欣落得如此悲惨的下场，也与她自己交友不慎有莫大的关系，她错就错在自己太单纯，对人不留一手，把恶狼当知己，到头来还被恶狼咬了一口。而她之所以会犯这样的错误，源自于她的依赖心理，在她看来，要想获得对方的支持和信任以及帮助，就必须向对方掏心窝子，而正是因为口无遮拦，她才付出了如此沉重的代价。

可见，我们每个人在与人交往时，都必须要破除自己的依赖心理，都必须要学会管住自己的嘴巴，这也是自控的第一步，俗话说得好："逢人只说三分话，未可全抛一片心。"少说话、说对话会让我们免除很多不必要的麻烦，为此，你需要记住以下几点：

（1）在你没有完全确认一件事情之前，先别急于开口，举个简单的例子，这就好比你的钱未到账之前就不是你的一样，一旦出现意外，你会尴尬。

（2）不要做是非传闻的传播者。事实上，无论是你自己的秘密还是他人的秘密，你都不应该四处散播，即使别人把这一秘密告诉你，你都应该就地消化，到你为止。

（3）说话要诚恳，不浮夸。也许夸张会渲染你说话的效果，但你会给对方留下说话不靠谱的坏印象，他们也很难相信你。

（4）不要口无遮拦，不考虑他人的感受。在开口之前，请想想，对方是否能接受你的言辞、能否接受你的说话方式？

（5）不要以为在背后说他人的坏话，对方会不知道，实际上，没有不透风的墙，这些话迟早会传到他人的耳朵里，那时你会难以收场。

喜欢人与人之间交往，交流必不可少，互诉衷肠，可以加深彼此情感、拉近心理距离。但我们一定要管好自己的嘴巴，千万不要试图通过倾诉自己或者他人的秘密来赢得他人的支持和帮助，最终你会"损了夫人又折兵"。

彻底戒掉对烟酒的依赖心理

生活中，我们大多数人都知道烟酒对身体的危害，但不得不承认的是，我们周围，还是有很多人每天与烟酒为伍，甚至当烟酒已经对他们的健康产生威胁时，他们还是无法放弃烟酒。这是为什么呢？因为在常年的烟酒生活中，他们已经产生了依赖心理。我们经常看到一些男士，茶余饭后往往朝沙发上一躺，继而点上一支香烟，吞云吐雾的，还美其名曰："饭后一支烟，赛过活神仙。"在社会上，待人接物，走亲访友等社会活动，无一不是烟酒搭桥……当他们的家人问他为什么要抽烟喝酒时，他们会回答："没办法，应酬。"其实，这都是依赖心理在作怪。当你已经习惯了吃饭时喝酒、饭后抽烟的生活后，你还能轻易地戒除吗？因此，要想戒烟戒酒，很多时候，你需要先破除的是这种依赖心理。

其实，古今中外，有很多名人，他们对烟酒都有不同程度的癖好，但最终能戒烟戒酒的也不在少数，而他们的戒烟戒酒的故事在成为后人的美谈之时，也带给了人们很多的启示。以下就是名人们戒烟的故事：

马克思戒烟：马克思一度烟瘾很大，他常常一边工作一边吸烟，甚至是烟不离手，后来，他工作的稿费还不能支付他的雪茄钱，再后来，他在流亡巴黎和伦敦时，他不得不靠典当度日，但仍然需要雪茄。为早日完成《资本论》，马克思夜以继日地工作，身体健康受到严重损害。医生告诫他：要完成工作，必须将烟戒掉。马克思为了事业，硬是下决心把烟戒掉了。

列宁戒烟：列宁从17岁开始就吸烟。一次，母亲告诉他："你父亲去世后，全家就靠养老金生活，你若不抽烟，家里开支就会好一些"。听了母亲的话，列宁很坚决地向母亲保证："请原谅，妈妈，这个我从来没有想过，好吧，从今天起我就戒烟。"后来他果真戒了烟。

乾隆戒烟：乾隆皇帝很喜欢吸烟，几乎一有空闲时间就吸烟，后来经常咳嗽，请太医治疗。太医说，皇上的咳嗽缘于吸烟伤肺，若要治咳，必须先戒烟。乾隆很听太医的话，戒了烟，咳嗽也很快治愈了。

严修戒烟：数十年前，我国天津南开大学的主要创办人严修至40岁时坚决戒烟，并且还提倡戒烟“先从自身戒断，而后以戒他人”宣传主张。

陈毅戒烟：陈毅在1954年患了支气管炎，医生郑重地提出要他不要再吸烟，他表示坚决戒烟。不久，他去看望毛主席，毛主席递给他一支烟，他说戒烟了。毛主席赞赏他说“好啊，你有志气”。后来，陈毅对人说：“毛主席这么一表扬，我就非戒到底不可了。要不，我就成为没有志气的人了！”。

毛泽东戒烟：毛泽东晚年患有轻度咽喉炎，医生劝他戒烟，他从此戒了烟。

邓小平戒烟：邓小平85岁时才戒烟。当时医生劝他最好不要再抽烟。他说：“那我试试吧！”就把香烟放下。从此，他再也不吸烟。

当然，除了戒烟以外，还有很多名人成功戒酒。无论是戒烟还是戒酒，都需要我们有很强的自控能力。因为对烟酒的依赖多半都是心理的依赖，克服心理障碍，你就能成功戒除。

那么，具体来说，我们该如何戒除对烟酒的依赖心理呢？

第一，戒烟。

我们都知道，香烟中的尼古丁是危害人类健康、引发癌变的一种危害物质。然而，它却也是一种能很快让人上瘾的物质，从现在起，如果你能做到以下几点，那么，你在3~4个月内就可以成功戒烟。

（1）将你曾经用过的打火机、烟灰缸以及现在正在抽的香烟都扔掉；丢掉所有的香烟、打火机、火柴和烟灰缸。

（2）餐后喝水、吃水果或散步，摆脱饭后一支烟的想法。多喝水能帮助你排除体内的尼古丁，你对香烟的渴望也就会消减很多。

（3）烟瘾来时，尽量推迟，不管你手头是否有烟，上瘾时其实往往就是那几分钟的工夫，只要熬过去就好了，你可以尝试做深吸收，这个动作类似吸烟，可以使你松弛些。

（4）坚决拒绝香烟的引诱，经常提醒自己，再吸一支烟足以令戒烟的计划前功尽弃。

（5）寻求帮助。你可以让你的朋友监督并奖励你，当你想抽烟时，让他提醒你自己不要放弃，而当自己成功戒烟一段时间后，可以让他们给你买个礼物。

（6）避开吸烟环境：这点很重要，当你的朋友吸烟时，你最好离开现场，等他抽完再进行谈话，以免控制不住自己，同时，尽可能多去禁烟场合，如电影院、博物馆、图书馆、百货商店等。

（7）吃低热饮食。可以多吃些新鲜水果、常嚼些脆的蔬菜或口香糖，因咖啡和酒类饮料会诱发烟瘾，均应避之。

（8）加强锻炼。选择任何体育活动均行，即使如饭后散步这样强度不大的活动也会帮助你消除紧张感，把思想从吸烟上转移并集中于其他事情上。

（9）奖赏自己。将过去本应买烟的钱存起来，几个月后给自己买一份别致的礼品或漂亮的衣服，你会感觉到这更值得和有意义。

但应记住：以上措施可能会对你戒除烟瘾有一定帮助，但真正要戒掉烟还是要靠你自己的决心和毅力。

第二，戒酒。

曾经有人对酒做了一下经典的总结："酒，装在瓶里像水，喝到肚里闹鬼，说起话来走嘴，走起路来闪腿，半夜起来找水，早上起来后悔，中午酒杯一端还是挺美。"这句话也鲜明地展现了酒精依赖者的心态。本来，适量饮酒，可以减轻人的疲劳，使人忘却烦恼，令人心情舒畅，增加社交活动和节日中的欢聚喜庆气氛。但是，过量饮酒，以至饮酒成瘾，不仅危及自己的健康和家庭的幸福，对社会也会造成种种危害。要彻底戒除酒瘾，关键是当事人必须真正认识到过量饮酒的危害性，决心戒酒。对此，苏轼曾写诗戒酒：

“明月几时有？把酒问青天”，这是苏轼对酒的最深切的感悟，他平日里就爱喝点小酒，但他的体质却很不适合这种物质。

被贬黄州期间，他曾发病，两眼通红，右眼几乎失明；再贬至惠州时，仍以酒为伴，又诱发痔疮，卧床两个月；三贬海南时，饮酒又在不良情绪中导致痔疮，并热毒及脏，用药不灵。

幸亏有懂得养生之道的胞弟苏辙赶来看望，耐心劝慰，还特为他朗读陶渊明《止酒》一诗，恳劝其从此戒酒。

感动中的苏轼，立马写下《和陶止酒》一诗。诗中云“从今东坡室，不立杜康祀。”自此，苏轼除留下一个荷叶杯作纪念外，其余多年积存的酒具，通通卖掉。

如果你想成为一个让人敬重的人，如果你想成大事，你就一定要有毅力，毅力就是从控制自己的口腹之欲开始的，如果你是个对烟酒有依赖心理的人，那么你必须要有坚强的毅力戒除它。

控制坏脾气，从调整心态开始

哲人说，太阳底下所有的痛苦，有的可以解决，而有的则不能，如有就去寻找，如无就忘掉它。我们都知道，天有不测风云，人有旦夕祸福，应该学会承担生活的不如意，而不是一遇到事就发脾气。当然，每个人都有脾气，因此，控制自己的脾气也需要一个过程，每个人的自控能力不是一下子就能形成的。坏脾气自控，需要我们从调整心态开始。

的确，有时候，有些事，调整一下心态，一切就会不同。

从前，有一对孪生姐妹，姐姐嫁给了一个有钱人，过上了锦衣玉食的生活，但她似乎并不快乐。妹妹则嫁给了一个开豆腐作坊的穷人。有一天，闲来无事的姐姐想去看看妹妹过得怎么样。来到妹妹家，她看到妹妹正在辛勤劳作，但却还唱着歌儿。姐姐恻隐之心大发，说：“你这样辛苦，只能唱歌消烦，我愿意帮助你，让你们过上真正快乐的生活，谁让我们是姐妹呢？”说完，她放下了一大笔钱，送给妹妹。

这天夜里，姐姐回到家后，躺在床上想：“妹妹不用再这么辛苦做豆腐了，她的歌声会更响亮的。”

第二天一早，姐姐又来到作坊，但却听不到妹妹的歌声了。她想，妹妹可能激动得一夜没睡好，今天要睡懒觉了。

但第三天、第四天，还是没有歌声。姐姐好奇怪。就在这时，妹妹拿着姐姐给自己的钱，着急地对姐姐说：“我正要去找你，还你的钱。”

姐姐问：“为什么？”

“没有这些钱时，我每天做豆腐卖，虽然辛苦，但心里非常踏实。每天晚上，能和丈夫、孩子一起数今天赚了多少钱。而自从拿了这一大笔钱，我和丈夫反而不知如何是好了——我们还要做豆腐吗？不做豆腐，那我们的快乐在哪里呢？如果还做豆腐，我们就能养活自己，要这么多钱做什么呢？放在屋里，又怕它丢了；做大买卖，我们又没有那个能力和兴趣，所以还是还给你吧！”

姐姐非常不理解，但还是收回了钱。第二天，当她再次经过豆腐坊时，听到里边又传出了小夫妻俩的歌声。这时，她似乎知道为什么妹妹过得比自己幸福了。

看完这个故事，可能也有些人有所感悟，的确，金钱、权力、地位都不是我们幸福的源泉，换个思维方式，专注、体会身边的幸福生活，并不断感悟，我们的幸福指数才不断上升。

美国的一位心理专家说：“我们的恼怒有80%是自己造成的。”而他把防止激动的方法归结为这样的话：“请冷静下来！要承认生活是不公正的。任何人都不是完美的。任何事情都不会按计划进行。”

意大利著名的皮衣商安东尼·迪比奥谈到自己成功的经验时不无感慨地说："其实，我并不是一个天生的成功者，许多人都比我更聪明、更有才华。我唯一比他们强的只不过是我更容易控制自己的情绪罢了。我很冷静，从不为那些情绪化的事情浪费时间和精力——我的意思是说，我享受不起那种感伤。"

然而，现实生活中，却有一些人特别容易情绪化，遇喜则喜，遇悲则悲，如遇不满，甚至破口大骂，很多不文明的举动相继爆发出来，形象全无。事实上，日常工作和生活中，令我们生气的事实在太多，我们根本没必要去愤怒，我们大可以把关注的视角放在事物的另外一个方面，对这一方面的联想往往能使我们心平气和下来，长此以往，你便能修炼良好的心性。而所谓的心性，其实就是一个人的善恶成分，好与坏，正确与错误，如何判断自我与外界关系的一种综合反映。

事实上，心性好坏与否，对于他人而言所产生的影响力倒是次要的，它最严重的是对个人心态的影响。而个人心态直接影响的是个人的命运、成败得失、是否幸福等。

心性健康的人，他们的眼里都是美好的事物，比如阳光、欢乐、温暖、健康，当他们遇到危险的时候，他们会有回避的能力，因此，他们有意愿并且有能力把日子过得顺心，就是遇到挫折，也能自我调整，能较自然地处在一种对事物的全面理解中。相反，那些心性不好的人，很明显，因为他们关注的视角不同，他们的生活是不幸福的。

具体来说，你可以这样做：

1.积极的语言暗示

日常生活中，我们运用语言的情况多半是与人交谈，而其实，语言还有其他很多的功用，其中就包括心理的暗示，语言暗示对人的心理乃至行为都有着奇妙的作用。

为此，当你心有不快，想要通过发火的方式来宣泄时，你可以通过语言的暗示作用来调整自己，以使自己的不快得到缓解。达尔文说过：“人要是发脾气就等于在人类进步的阶梯上倒退了一步。愤怒是以愚蠢开始，以后悔告终。”比如，你的朋友做了伤害你的事，你很想找他理论，并将他骂一顿，那么，此时，为了不让事情发生严重的后果，你在冲动前可以告诉自己：“千万别做蠢事，发怒是无能的表现。发怒既伤自己，又伤别人，还于事无补。”在这样的一番提醒下，相信你的心情会平复很多。

2.放松，调整自己

生活中，你总是会遇到一些令你不快的事，憋在心里只会让自己心情更郁闷，此时，你也可以找个发泄的方式，但一定要注意你的发泄是否会影响到他人。因此，最好的方法就是到一个无人的的地方大喊几声，或者去从事一些体力劳动、去操场锻炼身体，当你的这些心理压力通过身体上的能量转换成汗水以后，你会发现，你的心情会好很多，气也就顺些了。当你生气的时候，你也可以拿出你的小镜子，看看生气时候的你是多么难看，那么不如笑笑，你笑，镜中也笑，苦中作几次乐，怨恨、愁苦、恼怒也就没有了。

另外，你可能会认为，一个坚强的人就应该始终不能哭，哭是懦弱的，而其实并不是如此，在过度痛苦和悲伤时，哭也不失为一种排解不良情绪的有效办法。哭不仅可以释放身体内的毒素，还能释放能量，调整机体平衡。在亲人和挚友面前痛哭，是一种真实感情的爆发，大哭一场，痛苦和悲伤的情绪就减少了许多，心情就会痛快多了。流眼泪并非懦弱的表现。所以你该哭当哭，该笑当笑，但要把握好一个度，否则会走向反面。

3.自我激励，原谅对方

激励是人们精神活动的动力之一，也是保持心理健康的一种方法。当周围的人让你生气时，你不妨自我激励，告诉自己，如果我原谅他了，我的品质又提升了一步。自然就压制住了要发火的倾向。

4.创造欢乐法

心绪不佳，烦恼苦闷的人，看周围一切都是暗淡的，看到高兴的事，也笑不起来。这时候如果想办法让自己高兴起来，笑起来，一切烦恼就会丢到九霄云外了。笑不仅能去掉烦恼，而且可以调解精神，促进身体健康。

每个人都有不良的情绪，都有坏脾气，这很正常，但对于这一陋习，我们要学会调控，那些自控能力差的人多半都会选择宣泄自己的坏脾气，久而久之，他们会赶走身边所有的朋友，当然，对于坏脾气，我们也不能压抑在心中，正所谓“堵不如疏”。调整一下心态，我们看到的就是完全不同的世界。

管住自己的大脑，别再做白日梦

我们都知道，将任何有意义的事情做好，是成功的预示。因为你比别人多付出，你在实际工作中也比别人想得更周到。成就决非朝夕之功，凡事必须从小做起，只要有意义。那么，生活中的任何一个人，都要抛弃所有的借口。记住：你不会一步登天，但你可以逐渐达到目标，一步又一步，一天又一天。别以为自己的步伐太小，无足轻重，重要的是每一步都踏得稳。

然而，我们的生活中，却有一些人，他们习惯于做白日梦，对于未来，他们想得多，做得少；激动得多，行动得少。并且，他们已经产生了一种陋习，一种依赖心理，他们管不住自己的大脑，总是无恒心，见异思迁，心绪不宁，总想不劳而获，成天无所事事，脾气大，忧虑感强烈。为此，你一定要克服这一心理，让自己的心沉静下来。

大哲学家苏格拉底有着非同常人的智慧，为此，很多人都来向他求教。

一天，一名学生问他：“老师，我也想成为和您一样的大哲学家，但我怎么样才能做到呢？”

苏格拉底说：“很简单，只要每天甩手300下就可以了。”

有的学生说：“老师，这太简单了，别说是甩手300下了，就是3000

下、30000下也可以啊！”苏格拉底笑了笑没有说话。

一个月过去了，苏格拉底问：“那么，有多少同学每天坚持甩手300下啊？”很多学生都骄傲地举起了手，大概有90%的人。

又一个月过去了，苏格拉底又问：“还有多少同学在坚持啊？”这回比上次少了10%的人。

时间一天天地过去了，一年以后，苏格拉底还重复着同样的问题：“还有同学在坚持每天甩手300下吗？”此时，大家都低下了头，因为他们都没有做到，这时，一个同学举起了手，他的名字叫柏拉图，他后来也成为了像苏格拉底一样的大哲学家。有人问他成功的秘诀是什么，柏拉图微笑着说：“甩手，而且甩得足够久……”

这个哲理故事同样告诉生活中的每一个人，无论做什么事，如果你想成功，就要脚踏实地，从小事做起，没有人生下来就是伟大的人。每天坚持做同一件小事也很不容易，就像每天甩手300下，一个月大部分人能坚持，一年过去了却只有一个人能坚持，只有要学习柏拉图这种坚持不懈的精神，这样才能成为像他和苏格拉底一样成就伟大事业的人。当你认真对待每一件小事，你会发现自己的人生之路越来越广，成功的机遇也会接踵而来。

一位自考毕业的男孩去应聘一家外贸公司经理秘书。但是，公司却给他安排了一个行政部文员的职位。男孩想了一下，觉得只要自己耐心做好文员的工作，一样很好。于是，他就答应了。男孩的工作是负责接待客人和复印、打印等琐事。同事们总是把一些需要复印和打印的文件一股脑儿堆在男孩的桌子上，然后告诉他哪些需要复印、哪些需要打印、每种各需要多少份。男孩总是耐心地记录着各种要求，然后仔细地做。

有好几次，男孩的认真检查避免了公司的损失。因此，男孩真的被提拔为经理秘书了。

他是这样对人说的：“工作虽然简单，但是只要有超凡的耐心和细心，就会取得成功。” 生活中的年轻人，倘若你也能如此，具备这样的忍耐力，你也能在平淡中积聚实力，最终实现自己人生的腾飞。正如一句名言所说："一个人如果想要获得成功，就必须要付出与之相应的自我牺牲。如果期望的是较大的成功，就需要付出较大的自我牺牲，如果还想取得更大的成功的话，那就意味着更大的自我牺牲。"

我们每个人，都有自己的梦想，都希望能做出一番成绩来，但现实告诉他们，必须要从最基础的工作自己。这对于那些喜欢做白日梦的人来说，无疑是更高层面的挑战。艾森豪威尔说："在这个世界，没有什么比'坚持'对成功的意义更大。"的确，世界上的事情就是这样，成功需要坚持。雄伟壮观的金字塔是的建成正因为它凝结了无数人汗水的结晶；一个运动员要取得冠军，前提就是必须要坚持到最后，冲刺到最后一瞬。如果有丝毫之松懈，就会前功尽弃，因为裁判员并不以运动员起跑时的速度来判定他的成绩和名次。

那么，我们该如何做到脚踏实地呢？

1.比较时要知己知彼

"有比较才有鉴别"，通过比较，人们能看到真实的自己，但即使比较，一定要知己知彼，只有做到从多方面比较，才能看得全面，否则，你得到的结果就是虚假的。如果人们都能这样比，那么，自然就少了很多不平衡的心理，也不会感到无所适从。

2.要有务实精神

务实其实就是脚踏实地，不浮躁，只有打好基础知识，你才能开拓，否则一切都是花架子。

3.遇事善于思考

考虑问题应从现实出发，而不能意气用事，学会站在全局的角度看问题，你就能看得远，寻找出最好的解决方法。

我们任何一个人，要想获得成功，就要秉持着今天要比昨天好、明天还要比今天进步的态度，每天实实在在去努力。我们生存的目的与价值，不就存在于那努力不懈的付出、脚踏实地的行动，以及兢兢业业的求道中吗？只有让每一天都过得异常认真，我们才能实现自己的人生价值。对于一去不复返的人生，也不能有丝毫浪费，要以诚恳认真到“异常”的方式去度过。这种看来傻得可以的生活态度，如果能长期坚持下去，任何一个平凡的人都能蜕变成超凡的人物。

第16章

控制负面情绪：时刻保持最佳状态

别因糟糕的情绪让自己失控

生活中，我们总会遇到一些影响我们情绪的事，我们平静的心会被扰乱，我们或开心、或悲伤、或愤怒，但这些激动的情绪若不进行排解，那么就会产生一个“情绪链”，也就是人们经常提起的“踢猫效应”，而我们就是这个循环反应的罪魁祸首。

老板骂了员工小王；小王很生气，回家跟丈夫大吵一架；丈夫觉得很窝火，正好儿子回家晚了，“啪”给了儿子一记耳光；儿子捂着脸，看见自家的猫在身边，不分青红皂白就狠狠地给猫一脚；那可怜的猫不知所措，转身就跑，冲到外面街上，正遇上街上的一辆车，司机为了避让猫，却把旁边的一个小孩撞伤了。

这就是“踢猫效应”，这就是我们的不良情绪带来的结果，相反，如果我们能做到控制自己的糟糕的情绪，那么就不会把它传染给身边的人，也就不会引发这一连串的问题。

其实，激动本身并没有任何破坏性，但在激动的情况下，人们会做出失去理智的事，它给人带来的负面影响可能远远大于我们的想象，会给我们的生活带来深远的影响。

雯雯是个漂亮的女孩，和所有女孩子一起，她爱美，但她的经济收入却不允许她购买一些高档时装，但这还是阻挡不住她逛街的欲望。这天下班后，她经过一家时装店，就进去看了看。无意中发现营业员好像心情不好，估计是被老板批评了。雯雯也没在意，就对她说，我想试一下这件衣服。

这个女孩慢腾腾地走过来，一边拿一边慢条斯理地问她：“你买吗？”谁都听得出来，这话有轻视的意味。

这句话严重地伤了雯雯的自尊心。她也一下子来气了，冲着女孩说：“我买不买你都要给我拿出来。我是顾客，是你的上帝！”雯雯很没礼貌地摔门而出。

雯雯心情坏透了，嘴里还不停地嘟囔。以至于在进单元门的时候跟楼下的邻居撞了个满怀，从来不骂人的她居然本能地吐出一句“神经病”。

电梯等了好久还不下来，雯雯的心情糟透了。

这个时候，她的电话响了，是她的一个大学同学从外地给她打来的。这个同学告诉她，自己添了个宝宝。雯雯一听，也高兴坏了。满腔的不愉快突然全部无影无踪。

这里，时装店营业员从她的领导那里接受了愤怒，又把这种坏情绪传染给了雯雯，带着这种情绪，雯雯眼中的世界都充满了敌意。每个人、每件事都好像在跟她作对。而在接到同学喜讯后，她才又恢复了好心情。

其实，有时候，我们周围发生的事，和我们并无多大关系，不要让别人的言行激起你的负面情绪。比如，当你逛街时，本来心情很好，但却看到有人在街上谩骂，你马上就感到他是在骂你，或是认为他不应该这样做，你也跟着掺和进去，跟他对骂，结果显然心情变得很糟。又比如，你穿了一件漂亮的衣服去上班，有同事看到了不仅没称赞你的衣服漂亮，还说你看起来“更胖”，你的心情马上大打折扣。

其实，想想，万千烦恼事，我们没必要太过计较，大度一点，情绪就不会爬上眉梢，也不会掌控我们，我们就能更显雍容和优雅。

“风吹屋檐瓦，瓦坠破我头；我不恨此瓦，此瓦不自由。”的确，砸到我们头的那片瓦，是被风吹落的，并不是有意为之，生活中的那些触犯你的人何尝不是如此呢？没必要生气，多为对方考虑考虑，你能赢得尊敬和赞美，成就自己良好的品质。

薇琪是一家外企公司的职员，她心底善良，也受到很多同事的欢迎，可是令她不明白的是，为什么许多和自己一起进公司的同事都晋升了，而自己还在原来的位置上原地不动。

有一次，公司准备派一个女职员去接待合作公司的代表，薇琪想："这次该是我去了吧，我是公司外语最好的，该没有理由不让自己去了"。可是，第二天，公司还是没让她去，而是让一个新手去了。这让薇琪很不舒服，她这次再也忍无可忍了。她准备找主管问清楚，当她正准备进主管办公室时，她在门外听到主管和经理的对话。

"经理，这样不好吧，薇琪的确能力挺强的，这次是不是太伤她的心了。"

"就她那个火暴脾气，万一她和合作方的代表两句话不对头吵起来都说不定，我可不能让她砸了公司的生意，你们有时间也多去劝劝薇琪改改自己的情绪，能力好也总不能工作情绪化，这是我们公司员工必备的素质和修养。"

这些话被门外的薇琪听见了，她终于知道自己的致命弱点了，怪不得以前大家都说在这这家公司必须得养个好性子，否则别想升职，她算是明白了。

后来，薇琪尝试着控制自己的情绪，每次当自己要发作时，她都会选择以写字的方法来转移情绪。当她写了慢慢一页纸的时候，她的心情也就好了。一段时间以后，她的谈吐果然不一样了，整个人的气质也由内而外改变了很多。不到几个月，这些改变都被领导看在了眼里，当然她的晋升梦实现了，关键的是，她的品质和修养得到了提升。

人类最大的敌人永远是自己，坏情绪就像是弹簧，假如你的勇气一次又一次地后退，坏情绪就会一次又一次地前进，直到最后占据你心灵的高地，全盘操纵你的一切，你的正义、勇敢、上进、积极、坚毅的品格全都遭受最无情的蹂躏和践踏，直至这一切消失殆尽，于是，走向失败，走向毁灭。

人们在遇到一些或悲或喜的事情时，都会激动，并且很难一下子冷静下来，所以当你察觉到自己的情绪非常激动，眼看控制不住时，可以及时转移注意力等方法自我放松，鼓励自己克制冲动的情绪，对此，我们可以尝试一下深呼吸方法。

在深呼吸后，你可以告诉通过自我暗示，来平息情绪。比如，当你遇到有人超车时，你能对自己说："这个人大概有什么急事吧。"或者说："也许我的车开得的确太慢了。"那么，你就不至于会发火了。事实证明，"重新判断"的确是一种极为有效的控制不良情绪的方法。

最后还有一点，就是在我们控制住冲动的情绪后，还要重新思考，努力打开心结，为什么会有冲动的情绪，为什么自己不能从一开始就看开点，为什么不能很好地控制情绪，这样才能从源头遏制冲动。

在生活中，应该懂得自己掌握情绪，既不要让别人的坏情绪影响到自己，也不要让自己的坏情绪影响他人；同时，要把自己快乐、积极的情绪传递给他人。因为每个人都希望自己是快乐的，当你的积极情绪传递给他人的时候，必然会被他人所接受。

放松自己，挣脱低落情绪

生活中，人们的心情总是会因为周围发生的事而受到影响，当遇到不幸或者不快的事情时，心情还会因此低落。但无论遇到什么，我们都要反复暗示自己，不要被低落的情绪控制。那些成功者之所以成功，就是因为他们做到了这点。因为决定人生成败的是态度，积极乐观的人可以在任何时候都快乐，无论道路多么崎岖都会毅然向前走；消极悲观的人总是触景伤情，甚至感觉活着是那么艰难，是一种罪。所以，不管你身处何种地步，一定要保持正面情绪（积极、乐观、不抱怨），你就会变得成熟、自信 。

然而，生活中，许多人一陷入困境，就变得消极、悲观，甚至一蹶不振，其实，并不是困难打败了我们，而是我们自己打败了自己。其实，我们应反复暗示自己，困境是另一种希望的开始，它往往预示着明天的好运气。因此，你只要放松自己，告诉自己希望是无所不在的，再大的困难也会变得渺小。这样，你也就能挣脱低落情绪了。

古希腊神话中有一个西齐弗的故事很能说明这个问题。西齐弗因触犯了天庭之法，被惩罚到人间受苦。他每天必须推一块石头上山。当他将石头推上山顶回家休息时，石头又自动地滚下来，于是西齐弗第二天又得去推。这是天神想让他在“永无止境的失败”中遭受惩罚，以此来折磨他的心灵。

可是，西齐弗偏偏不吃这一套。他不认为这就是受苦受难的命运安排。他一心想，推石头上山是我的责任；至于石头滚下来，不是我的失败。因此，心中始终平静异常，从不丧失信心。从而始终不放弃自己的职责，每天都满怀希望。天神见折磨西齐弗心灵的企图无法奏效，只好放他回了天庭。

用这个故事对照现实生活，我们可以得到有益的启示：“人必自助而后天助。”若连自己都不愿帮助自己，还会有谁帮助你呢？只要始终自我激励，相信自己是能行的，永不放弃追求，那么我们就是命运的主人。因此，当我们受挫时，一定要告诉自己：“摔倒了还要漂亮地爬起来。”

的确，人不可能永远处在心想事成之中，生活中既然有挫折、有烦恼，就会有消极的心态和情绪。一个心理成熟的人，不是没有消极情绪的人，而是善于调节和控制自己情绪的人。而自我激励，是用理智控制不良情绪的又一良好方法。恰当运用自我激励，可以给人精神动力。当一个人在困难面前或身处逆境时，自我激励能使你从困难和逆境造成的不良情绪中振作起来。

丰田公司极其重视推销员的自我管理教育。在自己管理自己的方法上，如对工作的认识、建立价值观念、养成计划性、培养实践能力、妥善安排时间、不间断地学习、注意健康、克服工作上萎靡不振的情绪以及如何全神贯注地工作等方面的教育，公司都抓得很紧。有一篇文章反映了丰田公司推销员自我管理的真实情况，文中写道：

“我认为所谓的自我管理，首先就是苛求自己。我把一个星期的工作计划分为上午和下午两部分，把要走访的地方6等分。星期一走访葛饰区立石路的1-100号街，星期二走访第101-200号街，星期三……这样一个星期结束以后，就转完了我所负责的整个地段。我把这种做法一直作为绝对的、至高无上的命令来执行。所谓硬闯和推销管理工作，都安排在每天下午去搞。上午专搞接洽生意或类似接洽生意的工作，从下午4点起，搞交谈、修车等工作。我的工作计划大体上就是如此，并坚决执行——这就是我的推销计划，也就是自己管自己。

“参加工作的第一年，往往都是我一个人在街道上转来转去，觉得非常难受又寂寞，有时也深感推销工作非常痛苦。可是，每逢这时，我就勉励自己说，自己痛苦的时候别人也痛苦。说老实话，我想如果推销工作是一帆风顺的，也就无所谓自己管理自己了。自己管自己这个问题之所以受到重视，是因为任何人都不能随心所欲地去做事情，因为今天一去不返，人们才要求这么严格。我也经常有精神不振的时候，遇到这种情况，就一定在星期天去登山。当我一步一步地克服了前进中的困难而登到山巅时，那种激励的心情简直就和接受定货、交出汽车时的激动心情完全一样。”

从这几段话中，我们发现，这位推销员的这句话：“我想如果推销工作是一帆风顺的，也就无所谓自己管理自己了。”的确，如果不存在打击与拒绝，那么，也就体会不到成功时的快乐，以这样的信念激励自己，能帮助我们克服内心的很多负面心理。

可能很多人会产生疑问，如何才能具备积极的心态呢？其实，这完全在于我们自身的选择。

1.摒除那些消极的习惯用语

这些消极的习惯用语一般有：

“我好无助！”

“我该怎么办？”

“我真累坏了”

……

相反，我们可以这样说来激励自己：

“忙了一天，现在心情真轻松。”

“上帝，考验我吧！”

“我要先把自己家里弄好。”

“我就不信我战胜不了你！”

2.有意接收积极信息

每天早上，当你起床后，就要接触那些积极的信息，如果可能的话，和一位积极心态者共进早餐或午餐。不要去看早上的电视新闻。你只要浏览一下当天报纸上的几条重要新闻即可，这几条新闻足以让你了解大当今世界的重大新闻。你可以多关心一些与你的工作和生活有关的当地新闻，而对于那些惨案类的新闻，你要管住自己的眼睛，不要在早上就去阅读它们。在开车或者坐车去上班的路途中，你最好也可以听一些愉快的音乐……而晚上，你不要花大量时间去玩网络游戏、看电视等，你应该多陪陪你的爱人和孩子，向他们讲讲当天的趣事。

当你情绪低落时，你可以放下手中的工作和烦琐的生活，去你所在城市的医院、养老院、孤儿院看看，这样，你会发现，比你不幸的人太多了。如果情绪仍不能平静，就积极地去和这些人接触；和孩子们一起散步游戏，把自己的情绪，转移到帮助别人身上，并重建自己的信心。通常只要改变环境，就能改变自己的心态和情绪。

当坏心情降临时，你可以用某些哲理或某些名言安慰自己，鼓励自己同痛苦、逆境作斗争。自娱自乐，会使你的情绪好转。

无论我们遇到什么事，我们不要让消极心态有机可乘，要拒绝受控。一旦看到被消极心态袭击时，要马上自我保护，提醒自己它只不过是借软弱打倒理性的纯粹思维惯性而已，你便能歼灭那些消极心态了。

掌控积极阳光的情绪扭转法

我们每个人都有情绪，并且，这些情绪都很复杂，每时每刻都在发生着变化，快乐、激动、悲伤、恐惧、愤怒、忌妒等都可能随时影响我们的心境。事实上，这些情绪都是正常的人应该有的，但面对那些消极的情绪，我们需要懂得扭转，进而转化情绪为你自己所用。有人说，这世界上存在两种人，划分的标准就是他们对待事物的态度，一种是乐观的人，一种是悲观的人。乐观者，他们的脸上总是挂着微笑，似乎没有事情能难倒他们，因此，他们生活得幸福、坦然；而悲观的人，他们似乎总是把眼光盯在事物坏的一面，于是，他们总是感到低迷，整日郁郁寡欢。有句话说得好："乐观者在灾祸中看到机会，悲观者在机会中看到灾祸。"微笑看待人生，好运就不会远离。有这样一则堪称"神奇"的故事：

曾经有一对年过40夫妻，他们在进行年度身体检查时，却发现自己换了绝症：妻子得了乳腺癌，丈夫患了严重的动脉血管疾病，医生坦言他们只剩下半年时间了。这简直犹如晴天霹雳，他们原本幸福的生活似乎一下子就要破灭了。

然而，这对夫妻并没有就此在哀怨中生活，他们想了想，还有半年时间，足够他们完成这辈子最想做的事了——环球旅行。于是，他们卖掉了他们10年前才还清贷款的房子，并很快就出发了。

在他们的旅行过程中，他们几乎忘记了生病这一回事，格外珍惜每一天，他们仿佛回到了20年前他们刚结婚的时候，那时候，他们没钱、忙于工作、照顾孩子，但现在他们有机会了，看到他们甜蜜的样子，没有人会想到他们是一对生命即将结束的病人。

5个月后，他们的旅行结束了，按照规定，他们还需要做一次检查，但在看检查结果时，连医生都惊呆了，他发现二人的癌细胞已经消失，连丈夫的动脉血管阻塞也好了许多，这个结果让医生感到匪夷所思。

后来，医院就这一对夫妇的情况进行了研究，他们认为这是积极的情绪的作用，快乐的人脑内会分泌一种内啡肽，它会增加体内的淋巴球，进而增强对抗癌细胞的能力，让人重新获得健康。

这简直是个奇迹！因此有人说，积极的心态是创造人生，积极的心态是成功的源泉，是生命的阳光和温暖，而消极的心态是失败的开始，是生命的无形杀手。所以我们一定要重视情绪的力量，请察觉每一个情绪背后的意义，它可能是死神的召唤，更可能是改变命运之门的钥匙。

的确，乐观就像心灵的一片沃土，为人类所有的美德提供丰富的养分，使它们健康地成长。它使你的心灵更加纯净，意志更加富有弹性。它就像最好的朋友一样陪伴着你的仁慈，像尽职尽责的护士一样呵护着你的耐心，像母亲一样哺育着你的睿智。它是道德和精神最好的滋补剂。马歇尔·霍尔医生曾对自己的病人说过："乐观的态度，是你最好的药。"所罗门也曾说："乐观的心态，就是最强劲的兴奋剂。"有一位虔诚的作家，在被人问到该如何抵抗诱惑时回答说："首先，要有乐观的态度；其次，要有乐观的态度；最后，还是要有乐观的态度。"

杨林在单位里是别人眼中最"幸福"的女人，她的幸福，并不是因为她漂亮、物质生活充足，而是她脸上永远的舒心的笑容。刚结婚那年，她身上就发生了一件不幸的事——因为出车祸，让她落下了腿部的残疾。但任何一个同事，坐在她的身边就会有一种非常舒服的感觉，因为你会被她的那种温和、乐观的情绪所感染。

残疾对于一个女人来说已经非常不幸了，两个人所组成的家庭里有一部分不完整了，生活中的风风雨雨就可能会"乘虚而入"，但是杨林的家却是幸福和温馨的。她和丈夫之间的感情很好，他们的生活非常快乐。而这一切都是因为她的心态是平和的，她的人格是独立的。她从来不把自己看作是一个残疾人而给丈夫增添更多的心理压力。当丈夫处于事业上的瓶颈期时，她用她乐观的态度鼓励丈夫重整旗鼓，因而她获得了丈夫的主动关怀和爱护，这比自己强迫来的要真实和自然得多，也更踏实得多。

有本书上说过："思想……能令天堂变地狱，地狱变天堂"。其实生活的快乐或是悲伤选择权就在你手中。相信自己能做个乐观的、爱笑的人，相信自己能做个神采飞扬的人，即使残疾，杨林依然选择了让自己快乐、幸福的人生态度——乐观。

日常生活中，丢了钱财，路遇堵车，看起来很倒霉，悲观的人或许会为此懊恼一整天，认为老天对自己不公平，结果心里十分不开心，在工作生活中带着这种郁闷的情绪，这对自己有什么好处呢？反过来，把这些不顺心当作生活中的一部分调料，乐观地看待，你或许会有另外一番心情……抱着这样的态度，看待生活，还会有什么不开心的事，还会有什么烦恼呢？

一位著名的政治家说过："要想征服世界，首先要征服自己的悲观。"用乐观的态度对待人生，满世界都是"鲜花开放"，而悲观者看人生，则总是"悲秋寂寥"。同样是春雨霏霏，有人看到的是漫步雨中的浪漫，有人却想到的是潮湿天气带来的不便。同样是满天繁星，一个心态积极的人可在茫茫的夜空中读出星光的灿烂，增强自己对生活的自信；一个心态不正常的人则让黑暗埋藏了自己，而且越藏越深。

用乐观的态度对待人生就要微笑着对待生活，微笑是乐观击败悲观的最有力武器。无论命运给了我们怎样的礼物，都不要忘记用自己的微笑看待一切。微笑着，生命才能将利于自己的局面一点点打开。在饱受约束的现实生活中，要让心灵快乐地飞翔，微笑还应该是一种境界。苏轼《题西林壁》云："横看成岭侧成峰，远近高低各不同。不识庐山真面目， 只缘身在此山中。"看似浅显，其实饱含生活哲理。人人要面对红尘命运中的各种磨难和艰辛，身在其中，心思却能够跳脱其上其外，以那种怀禅的释然，纳海的胸襟，平和的意绪，坦诚面向过往未来一切莫测的事变，那么尽享祥和的微笑是不言而喻。

外面吹着风，你是无奈地拨弄乱发，还是用心品味花草的芬芳？漆黑的夜里，你是缩在屋子的一角，还是走出屋外仰望日月星辰？一个人的时候，你是觉得无聊寂寞，还是找到心灵一片宁静的角落？你要做一个乐观的生活强者，还是一个整日抱怨命运的乞丐？真正的裁判是你自己！

有这么一句流行的话语：好的情绪带你进天堂，坏的情绪带你住套房，甚至会住进十八层地狱！增强运用情绪的能力，就需要我们做到，时时心存感激不忘欣赏生活的美好，保持均衡的生活，让每一天都过得有意义。

真的好心情也可以假装出来

我们都有这样的思维，我们的情绪会导致某些行为，比如，生气时我们会骂人，高兴时我们会开怀大笑等。而实际上，我们也可以反过来思考，我们的行为也会导致情绪，比如，悲伤时我们会哭泣，但我们哭泣的话，也会引发悲伤的情绪。心理学家提出了一个“假喜真干”的概念，意思就是，你假装自己喜欢做某件事，或从事某件工作，那么你会真的喜欢起来。

曾经有报道说，日本人为了改变自己压抑的性格，从而有利于与外向的西方人打交道，他们采取了一种训练笑容的方法：他们在下班之前的半个小时里，会每人拿起一支筷子，横着咬在嘴里，固定好脸部表情后，将筷子取出。此时人的脸部基本维持一个笑容的状态，再发出声音，就像是在笑了。

这种看似荒谬的做法却是有科学依据的。心理学家普遍认为除非人们能改变自己的情绪，否则通常不会改变行为。其实，我们在生活中都有这样的体会，当孩子哭泣时，我们会逗他们说：“笑一笑呀！”结果孩子勉强地笑了笑之后，跟着就真的开心起来了，这就很好地说明了情绪的改变将导致行为改变。

美国著名教育家卡耐基提出：“假如你‘假装’对工作感兴趣，这态度往往就使你的兴趣变成真的。这种态度还能减少疲劳、紧张和忧虑。”

非蒂娜小姐是一位办公室文秘，她的工作就像人们所说的打杂的工作一样，除了要给经理倒咖啡、买早饭，还要处理一堆琐碎的文件，还得抄写和打字，虽然忙碌，但却枯燥无味，毫无技术含量，她常被累得精疲力竭。后来她想：“这是我的工作，单位对我也不错，我应该把这项工作搞得好一些。”于是，她决定假装喜欢这份讨厌的工作。可是一段时间以后，她居然发现自己真的喜欢上了这份工作，她发现，她的上司是个很和蔼的人，每天和他一起相处很自在，为他效劳她也很乐意。在处理那些文件时，她更加认真起来，为此，她曾经发现文件中一个数据问题，为公司避免了达数百万元的损失。因为这件事，她被提升了。现在，她总是经常超额完成任务，这种心态的改变所产生的力量，确实神奇无比。

从非蒂娜的工作体验中，我们发现，人的情绪是可以由行为引发的。根据这种观点。人可以通过控制行为的方式来控制自己的情绪。

那么，我们该如何“伪装”出好心情呢？

最常见的一个办法即是，当你在生气的时候，可以找一面镜子，对着镜子努力做出笑容来，持续几分钟之后，你的心情果真会变得好起来。这种方法叫作“假笑疗法”。

实验证明，这种方法很有效果。每天早上，如果你能先假笑，那么，接下来的一整天，你都会有好心情。我们来看看世界最杰出的十大推销大师之一的日本销售员原一平是如何练习微笑的：

他曾在日本保险界连续15年获得全年的销售冠军，而他成功的撒手锏之一就是“微笑”，他掌握了38种微笑，为了征服一个顾客，曾经使用了30种微笑。

关于长相，可以说，原一平其貌不扬，他身高只有1.53米。和很多保险推销员一样，在刚开始从事这一行业时，他在半年来都没有卖出去一份保险。那时候，为了生存，他只得睡在公园的长椅上。

原一平自己知道，单就长相，自己毫无优势可言，但他知道，微笑是获得他人信任的法宝。为了获得这一法宝，原一平开始每天一早就在公园里向每一个所碰到的人微笑，不管对方是否在意或者回报他微笑，他都不在乎。

终于有一天，一个常去公园的大老板对原一平的微笑发生了兴趣，他不明白一个吃不饱的人怎么会总是这么快乐。于是，他提出请原一平吃一顿饭，可原一平却请求这位大老板买他的一份保险，老板答应了。接着这位大老板又把原一平介绍给许多商场上的朋友。

通过这件事，原一平初次尝到了微笑的魔力，后来，他进一步通过观察发现世界上最美的笑是婴儿的笑容，那种天真无邪的笑，散发出诱人的魅力，令人如浴春风，无法抗拒。因此，他开始练习微笑。

有一段时间，他练习太入迷，因为在路上练习大笑，而被路人误认为神经有问题。他甚至睡觉都常常会“笑”醒，并跑到镜子前去练习。“噢，你看，这种表情正确吗？”他问来到他身旁的妻子。“喂，你有没有搞错！深更半夜爬起来干什么？”“嘘，没什么。”他继续练习。“喏，这个样子好像就对了。”“哎哟，太难看了吧！”“别乱说。现在好些了吗？”“哦，是好看些了。”“这就是痛快的笑啊。”

经过长期的练习，他掌握了38种笑：逗对方转怒为喜的笑，安慰对方的笑，岔开对方话题的笑，消除对方压力的笑，重新修好时的笑，两人意见一致时的笑，吃惊之余的笑，挑战性的笑，大方的笑，含蓄的笑，假装糊涂的笑，心照不宣的笑，遭人拒绝时的苦笑，压抑辛酸的笑，无聊时的笑，郁郁寡欢时的笑，热情的笑，自认倒霉的笑，使对方放心的笑……他的笑达到了炉火纯青的地步，他可以针对不同的客户，展现不同的笑容。用微笑表现出不同的情感反应，用自己的微笑让对方露出笑容。

世界上最伟大的推销员乔·吉拉德也曾说：“当你笑时，整个世界都在笑。”实际上，微笑给我们带来的，不仅仅是良好的人际关系和顺心的工作状态，更重要的是，我们在训练微笑的过程中，获得了一份好心情，有了好心情，自然万事如意了。

当我们烦恼时，不妨“装”出一份好心情，多回忆曾经愉快的时光，用微笑来激励自己。正如英国小说家艾略特所说：“行为可以改变人生，正如人生应该决定行为一样。”

第17章

保持健康心理：只和自己比就够了

换个角度想，坏事也是好事

在生活中，也许你也曾不止一次被糟糕的事情突然打扰，你是怎样看待和对待它的呢？一位心理学家在课堂上讲过这样一个故事：

罗伯特·德·温森多是阿根廷著名的高尔夫球手，有一次他赢得一场锦标赛的冠军并领到奖金的支票后，他微笑着从记者的重围中走出来，到停车场准备开车回俱乐部。

这时，一个年轻女子向他走来，她先是向温森多表示了祝贺，然后哭着告诉温森多，她的孩子得了很重的病，正住在医院，如果不能支付昂贵的医疗费和住院费，那可怜的孩子也许就会死掉。温森多被她声泪俱下的讲述深深打动了，他很同情这个年轻的母亲，于是二话没说，掏出笔在刚刚领到的支票上签上了自己的名字，然后塞给那个女子，并对她说："这是这次比赛的奖金，我想我能帮上的也只有这个了，祝你的孩子走运！"说完，温森多就开车走了。

一个星期之后，温森多正在一家乡村俱乐部吃午饭。这时，职业高尔夫球联合会的一位官员走过来，问他前几天是不是遇到了一位自称孩子生了重病的年轻女子。

"是的，不过你是怎么知道的？"

"停车场的孩子告诉我的。"那位官员说，"不过，我要告诉你一个坏消息，那个女人是个骗子，她根本就没有什么得了重病的孩子，甚至她还没有结婚。可怜的温森多，你太善良了，你被骗了！"

“等等，你是说根本就没有一个小孩子生了重病快要死掉吗？”

“没错，根本没有。”这位官员非常同情地说。

没想到，温森多只是长长地松了一口气：“太好了！这真是我这一个星期以来听到的最好的消息。”生活中的人鱼龙混杂，虽然好人居多，但你也难免遇到心怀不轨、存心欺骗你的人。当别人伤害了你的时候，不妨换个角度想一想，也许就会有另外不同的理解，尤其当这个人是你的朋友、爱人、亲人的时候。能够摆正自己的心态，就能不往伤口上撒盐。

心理学家说，能够控制自己的情绪、把握自己心态的人，更容易获得幸福的感觉。生活中不如意的事情十之八九，能够坦然处之，不让自己的情绪随意波动，这是一种快乐的智慧。别人给予你伤害，你记恨他、诽谤他，甚至想以牙还牙，最终只会让你的伤痛加倍。如果你漠视他，从中吸取教训，感受其中的收获，把眼光放在未来，你就不会被痛苦和仇怨羁绊，而是会被恬静或快乐包围。

可以力争上游，但别总与自己较劲

争强好胜的心理在年轻人的身上表现得尤为突出，想成功，我们要有野心，要用一次次的胜利表现自己的实力。胜利的过程有时并不一定需要击败敌手，让他遍体鳞伤。相反，一味固执争胜，反而会把自己推向绝境。

这是一位心理系的学生在周记中写过的一个故事：

在一个小城的东头，住着全城最有名的律师——理查德；在城西头，住着全城最有名的法官——加里曼。

每当城里有什么案子，总是加里曼负责审判，理查德负责为人辩护。两人向来都是针锋相对，你一句我一句，谁也不肯让步。时间一长，工作上的冲突逐渐演变成个人恩怨，最后两个人竟成了互不相容的仇敌。城里的人都知道他们是一对冤家对头。

理查德和加里曼在乡下都有土地，并且那两块土地还是挨在一起的，因此也是纠纷不断。两人在城里又都有店铺，理查德开的是药店，打着救人性命的招牌；加里曼开的是棺材铺，专门做死人的生意。两个人就仿佛是前世的冤家在今世又重逢了。

有一天，一艘商船从小城路过。从船上传出这样一个消息，说有人在离这里九天路程的一个孤岛上发现了一种新的树木，如果用它来做成药材给病人服用，能够使人起死回生；如果用它来做棺材，死人的尸体能永不腐烂，而且会面色红润，栩栩如生。

理查德和加里曼都听说了这个消息，他俩都怕让对方占了先机，纷纷赶往码头，准备出海去买这种树。结果两人几乎同一时刻赶到了码头。这时，仇人见面分外眼红，他们说什么也不肯坐在同一艘船上，于是两个人便坐在了码头上打起了心理战，都盼望先把对方耗走。

就这样，从日出等到日落，两个人谁也不肯离开码头，而且都吩咐仆人回家把吃的、穿的取来，甚至还让他们拿来了被褥，准备打持久战。

从日落又等到日出，两个人整整相持了一个晚上。眼看着码头上出海的船只越来越少，最后只剩下了一只小船还未出海。两人对望了一眼，也只好无奈地同时上了这艘小船。理查德坐在船头，加里曼坐在船尾，谁也不理谁。

小船启航了，向那个神秘的小岛驶去。当行驶到第三天的时候，海上起了大风暴，狂风裹着巨浪向小船袭来。这艘小船哪能经得住这样猛烈的袭击，眼看就要翻船了。

这时，加里曼问船尾的水手船的哪一头会先沉，水手说船头先沉。加里曼很得意地说："如果能看到我的仇人比我先死，那我出这趟海也就没什么遗憾了。"

而此刻，理查德也问船头的水手船的哪一头会先沉，水手回答说是船尾。理查德听后兴奋地说："如果我能看到我的仇人比我先死，死亡对我来说也就没什么值得畏惧的了。"

两个人正暗自高兴，一个巨浪打来，小船骤然翻了过去，理查德和加里曼双双落入了汪洋大海之中。

在要强争胜的过程中，特别是与对手处于僵持的状态下时，人的心里也会随之一刻也不肯放松。与对手对峙到底，最终赢取胜利，这是很多人崇拜的英雄式的胜利模式。但也正是这种紧绷的心理，使得他们放不开思路，以致自己跟自己在作对。就像故事中的两个人一样，谁也不肯让步，看似是在和对手僵持，其实是在心里和自己作对罢了。

心理学家告诫那些要强的人，不要在那些无所谓的小事上与人过多计较，否则只会让自己更加吃亏。有时适当地退一步，你会看见自己跟自己僵持是多么的愚蠢。

无论是顺境还是逆境，都会过去

时间如水，总是从我们的手指间悄悄流逝。不管你现在的处境如何，一切都会向前发展。不要让自己的心过多地在一处煎熬，要知道，不管是顺境还是逆境，都将会过去。

一位心理学家在课堂上讲过这样一个意味深长的故事：

古希腊有一位国王，他拥有至高无上的权势和享用不尽的荣华富贵，但是他却没有快乐。他可以主宰自己的臣民，却难以控制自己的情绪，不断袭来的种种莫名的焦虑和忧郁常常让他闷闷不乐。

终于有一天，国王再也承受不了这种无形的压力，于是他召来了当时最有名气的智者苏菲，要求他找出一句人间最有哲理的箴言，而且这句浓缩了人生智慧的话必须能够一语惊人，能让人无论在什么情况下，都能保持一颗平常心，得意但不忘形，失意但不伤神。苏菲只沉思了一下，就答应了国王，条件是国王要将佩戴的那枚戒指赐予他。

几天之后，智者苏菲就将戒指还给了国王，并再三叮嘱他，不到万不得已，别轻易取出戒指上镶嵌的宝石，否则它就不灵验了。

没过多久，邻国大举入侵，国王亲自率领部下拼死抵抗，然而寡不敌众，最终整个城邦沦陷于敌手，国王只得逃亡。有一天，为躲避敌兵的搜捕，国王藏身在河边的茅草堆中，当他掬水解渴时，猛然看到自己的倒影，不禁伤心起来——当初那个气宇轩昂、威风凛凛的国王，现在变成了蓬头垢面、衣衫褴褛的乞丐模样，这怎能不让人感到难过呢？国王越想越伤心，后来竟双手掩面想要投河自尽。这时他想到了那枚戒指，于是急忙抠下了上面的宝石，只见宝石里侧刻着一句话——这都会过去！

看到这句话，国王的心头重新燃起了希望的火花。是啊，这有什么大不了的，这一切终究都会过去的。从此，他忍辱负重，重新召集部下并东山再起，最终赶走了外敌，赢回了国家。当他重返王宫后，第一件事就是将“这都会过去”这五个字镌刻在象征着王位的宝座上。

后来，这位国王无论再遇到什么事情，都能妥善处理。据说，他在临终前特意留下遗嘱：死后，他的双手要空空地露出灵柩之外，以此向世人昭示那句五字箴言。

人生在世，没有什么事情是永恒不变的。身处顺境时，要学会珍惜和感恩；身处逆境时，要学会坚强和等待。要不断提醒自己，这一切都将过去。艾尔伯特·雷内曾说：“任何人在没有经历过磨难之前，都不会成为真正的人。经历磨难的时候，你的命运或者地位大概会得到定位。在你经历这样的磨难之前，你不过是小孩子。”即使是一位伟大的国王，在苦难来临之前，他也没有弄懂生命的意义所在。而当他品尝了人生的起伏之后，困难才教会他要善待自己的人生。

心理学家说，被别人疼爱的人是幸福的，被自己疼爱的人是明智的。人活着就应该学会善待自己。“这都会过去”，多么铿锵有力的五个字。这是一种豁达的处世心态，是智者的一种思维方式。不过多地留恋过去的功名利禄，不计较那些浮华的消增得失。在乎的只是自己拥有一个开阔的眼界，对未来充满信心，用希望之火点燃自己拼搏的意志，一切向前看。

可以失败，但永远不要输给自己

心理学家说，很多人在面对问题时，不是因为自己能力不够、实力不足，而是没有自信，自己输给了自己。成功始于自信，这个道理人人皆知，但并非人人都能做到。

莎士比亚曾说：“假使我们自己将自己比作泥土，那就真要成为别人践踏的东西了。”很多时候，我们总是不敢相信自己，总是认为别人比我们要强很多，一件事情要得到别人的肯定才是正确的。

我们生活在竞争如此激烈的社会中，每个人都想要获取胜利、出人头地。但是，经过多少次的失败，我们才真正明白，那个最终使我们受伤的强大的敌人，深深地隐藏在我们自己的心中，这个世界上真正能够打败你的人，唯有你自己。在人的一生中，想得最多的是战胜别人，超越别人，凡事都要比别人强。其实，人一生中面临的最大困难和敌人就是自己。战胜了自己，你将战胜一切！

疯狂英语的创始人李阳，他的英语不是说出来的，而是喊出来的。李阳在读大学时，英语成绩一塌糊涂，尤其是听力和口语。一次，李阳被老师叫起来回答一个简单的问题，李阳知道这个问题的答案，可就是说不出来。于是他对老师说：“我可以写在纸上再给你看吗？”同学们都哄堂大笑。老师生气地说：“这么简单的句子都说不出来，你还是大学生吗？”接着老师又转过身去对同学们说：“如果你们不好好学习口语就像李阳这样。”“就像李阳这样”，这句话深深地伤害了他。从那时起，他就下定决心，非要把口语练好不可！

于是，他每天早晨坚持到学校后面的小山上去练习口语，练习的时候，不是说，而是大声地喊出来，更让人不可思议的是，他的嘴里竟然含着石头。李阳认为，口语不好，主要是两个原因：一是胆子小，不敢说；二是发音不准，说出来别人也听不清楚。喊英语，能练胆子；含石子，能练发音。就这样，李阳坚持不懈地练习口语，风雨无阻。遇见熟人，也不怕别人耻笑，即使别人骂他疯子，他也不在乎。

功夫不负有心人，奇迹出现了，三个月后，李阳不仅能流利地回答出英语老师提出的问题，甚至还为老师纠正部分错误的发音。时至今天，“李阳疯狂英语”成了英语学习产品当中最响亮的一块名字。

生活绝不会怜惜失败者，在挫折面前，勇者进懦者退。人生的成功属于失败中坚持崇高理想的强者。自信的树立与巩固，与人生的不断收获是分不开的。自信不是天生的，也不是想达到什么程度就达到什么程度，当人们在具体的职业上，经过不断的学习，增添了新的智能并在实践中加以良好运用，而不断取得新的成效，有所进步、有所发展时，自信心就会不断地提升，并长此以往，形成一种自觉的心理态势，达到“自信人生二百年，会当击水三千里”的境界。

心理学家经常说，自己是最大的敌人。很多时候，一个人在成功路上的最大障碍恰恰就是你自己。自私自利、贪图安逸、傲慢无礼等都是自己前进路上的障碍；怯懦、怀疑和恐惧则是自己最大的敌人。所以，你要时时警惕自己身上的弱点。

人生最强大的敌人就是自己，最大的挑战就是挑战自我。自信方能自强，只有自信，才能做到知难而进，才能有临渊不惊、临危不惧的英雄本色。很难相信一个连自己都不敢肯定的人能够得到别人的认可，只有真的相信自己，才能够得到别人的信任，也才能够创造出自己事业上的奇迹。

参考文献

[1]卡耐基.淡定:做内心强大的自己[M].北京：中国商业出版社，2013.

[2]罗盘.心理学与交际之道[M].上海：立信会计出版社，2015.

[3]孙科炎.情绪心理学[M].北京：中国电力出版社，2012.

[4]连山.心理学与社交策略[M].北京：中国华侨出版社，2015.

[5]石勇.世界如此险恶，你要内心强大[M].北京：印刷工业出版社，2012.